整體造型設計

洪美伶 著

全華圖書股份有限公司

陳序

從「雲想衣裳花想容」和「人要衣裝、佛要金裝」這些千古名言，可以想像萬物人、神都需要裝扮；但裝扮是否高明得體，則是一門很深的學問。它需要融合許多元素，諸如服裝、美妝、美髮、髮飾、胸花、配飾、手錶、手環、戒指、包包、腰帶、皮鞋、帽飾、領帶和領巾等，然後運用很多技巧，以及配合時節，針對各種場合，再加上整體造型包裝設計的觀念和手法，才能創造出整體美感。使女生顯出端莊秀麗、高貴大方、溫柔嫻淑或冷豔動人氣質；男士則顯得風度翩翩、英俊瀟灑、和藹可親或雅痞冷酷的樣貌。

透過各種媒體，我們可以看到各國元首就職典禮盛況，目睹總統與夫人以及眾多貴賓政要的造型打扮。此外也有機會觀賞到出席奧斯卡金像獎、金鐘獎與金曲獎等頒獎典禮的男女明星，攜手走紅毯的熱鬧場面。他（她）們無不絞盡腦汁，精心設計，希望展現出最美好得體的一面，以贏得大家的讚美與掌聲。但每一次典禮過後，平面媒體或電視媒體就會針對參加典禮的諸多賓客或明星們的穿著打扮，大肆報導和批評比較，由此可見社會的關注以及整體造型的重要。

現在的社會十分多元，分工精細，已非三十六行所能概括。很多行業的工作人員，依規定上班要穿著制服，例如警察、保全員、銀行員、空服員、醫護人員、公車司機、高鐵員工、工廠作業員、百貨公司員工等，這就是他們的造型，為的是展現機構的尊嚴秩序及不可侵犯的一面，以有別於一般民眾，便於服務。

許多大專畢業生應徵工作時的穿著和造型，其實非常重要，他們如果懂得整體造型，穿戴整齊，打扮合宜，一定可以給主考官留下先入為主的美好印象，達到加分的效果。如果他們是奇裝異服或不當暴露，儘管穿金戴銀、表現態度良好，也很難得到主事者的信任，必然會喪失很多好的機會。

整體造型的另一門進階課程，就是天馬行空的創意造型設計。舉凡舞台劇、電視劇和電影的劇中人造型，皆依劇情需要，經過幾番腦力激盪，構思創意造型，像西遊記、阿凡達、蜘蛛人等片劇中人的造型，都是別出心裁，充滿創意。

「整體造型設計」乙書作者洪美伶教授，是我昔日學生，她的天資聰穎，反應機敏，其學識背景涵蓋服裝、家政與造型設計，更可貴的是他有十多年的業界美容造型實務經驗，以及十多年的整體造型和彩妝學的教學經驗。他教學認真，勤於指導學生專題製作，每年畢展皆有良好表現。又指導學生參加國內、外美容造型競賽，屢獲大獎，多次榮獲報載，並受到學校表揚。他與業界關係良好，曾獲台鹽生技、芳喬麥亞、普麗緹仕女會館、晨露國際貿易有限公司、High Vision、 Touch 等公司贊助，進行產學合作。並應邀到職訓局、高雄美術館、台鹽生技公司、美國安麗公司等數十個單位演講。經常帶領學生到大遠百公司、晉生醫院等單位進行專業服務學習教學。受聘擔任國家檢定評審、國內、外美容競賽評審與裁判長，並協助某些大專審查教師資格與期刊論文。其在大學教學期間，每年皆有期刊及研討會著作發表，而且寫了多本考用的專書。其教學生活可謂繁忙，而且多采多姿。

值此新書發表之際，囑余作序，樂而為之。期盼新書出版之後，能廣受師生歡迎及同好喜愛，並有助於專業的運用與推廣。

台南應用科技大學前校長

陳秀村

作者序

於整體造型設計業界工作與大學任教十幾年來，在化粧品廣告及設計發表秀場中，感受到造型設計的震撼與魅力，這些年構思將設計業界與教學心得和經驗編輯成書，循序漸進的向同樣熱愛造型設計的朋友們作一分享與交流，期望共同為造型設計教學盡一番心力，這一直都是我的理想也是此書出版的動機。

本書為學習整體造型設計的專業教材，全書共分七章，分別針對髮型、化粧、服裝以及配飾以理論詳細的敘述結合歷史階段的發展演變，每個章節皆附有課程的提綱說明及圖片參考，並結合實務操作，將一個人的體型、氣質、生活環境、文化背景、個性、依不同年齡、角色、場合等做出整體造型設計，達到造型的理想與效果。內容簡介：

1. 整體造型設計從服裝、髮型、化粧以及配飾等基本概論。

2. 造型工具與設計素材認識、選擇與功能介紹。

3. 色彩與造型設計從配色知覺、造型與色彩、色彩與季節配色。

4. 服裝、髮型、化妝、配飾於造型之應用。

5. 各種風格設計示範與分析設計。

6. 休閒與正式場合造型設計實作。

7. 年代造型設計以及由西方到東方不同年代的造型史。

本書得以順利出版，首先感謝我的長官陳豐村校長為我推薦大力促成出版，並為本書作序，亦感謝全華出版社全力支持，再則感謝參與本書內容的所有模特兒、與辛苦工作伙伴，因有您們的協助，使此書更加精彩。創作過程中適逢父親癌末，進度延宕，父親亦因我無法如期交稿而擔憂，如今順利出版誠以此文記念我敬愛的父親，最後謝謝一路支持與鼓勵我的家人，因有您們的付出我才能全心投入。

在此特別感謝名揚國際開發有限公司提供 JS 服飾目錄、台南遠東百貨公司提供服飾、芳喬麥亞國際美容公司、形向企業有限公司、面具國際美容公司提供化妝用品圖、全華出版社圖庫資料與台南應用科技大學同學，藉由他們的鼎力協助才能讓書的內容豐富精采。書中內容如有任何疏漏、錯誤或不當之處，懇請先進不吝指正，以做為日後改善與提昇的根基。

希望讀者能夠透過本書的學習在設計領域中找到自己的一片天，創造出優秀的作品。

洪美伶 謹序

西元 2012 年 8 月

目錄
Content

1 概論

2 造型工具與設計素材

3 色彩與造型設計

4 服裝、髮型、化妝、配飾於造型之應用

5 不同風格與場合的造型分析設計

6 休閒與正式場合造型設計實作

7 年代造型設計

第一章

概論

1-1　整體造型設計意義

1-2　整體造型設計功能目的

1-3　整體造型設計的方法

1-4　整體造型的分類

1-5　整體造型設計須知

1-1 整體造型設計意義

所謂整體造型，乃指一個人的髮型、化妝、服裝以及飾品等共同融合而成的一種儀表外觀，同時也能顯現出一個人的體型、氣質、生活環境、文化背景、個性、年齡等。

隨著時代的進步，生活水準的提升，美容整體造型受到環境的影響，其所呈現的情況亦有所不同。以往個人的造型設計，似乎都是演藝圈的明星們所專屬，或者是新娘婚紗攝影時才會有所接觸，與一般人的日常生活較無關聯。但近年來，拍攝個人沙龍照成為許多人進行各種紀念活動的主要考量，同時許多公司行號在尾牙春酒上講求不同效果的娛樂表演，加上舉行各種派對活動的風氣日盛，專業的整體造型顧問與生活接觸的層面廣泛，不再是職場上的少數民族，同時也有更多人願意投入此一工作行列，以整體造型品味、手藝與化妝道具為顧客的美麗風采加分，或者有些是以人與人相處不同儀表上的禮節；而有些則以裝扮來襯托個人身分與地位，甚至藉此帶動流行。

整體造型設計的概念及風氣始於近幾年，以往造型分別由負責髮型、彩妝與服裝的專人分頭執行，但近年來，顧客對於造型的質感要求日益提升，同時要兼顧效率與效益，於是出現了以團隊概念的整體造型設計，或一人身兼服裝、髮型與彩妝的造型顧問，提供服務使得此行業更具專業與蓬勃發展。

1-2 整體造型設計功能目的

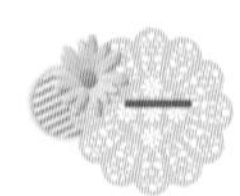

一 表現個性

美容整體造型可以幫助個人充分展現其個性，因為多數人完全憑自己的喜好來打扮，所以經常可以由一個人的裝扮判斷其個性、習性等，而不同的裝扮會營造出不同的印象。

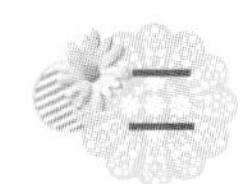

二　代表身分

從一個人的整體裝扮上，往往可以了解對方是何等人？從事何種行業？亦可從其裝扮上推斷出其身分。因此多數人常以整體的裝扮來顯示其身分與財力。

三　美化作用

在科技發達的今天，不難看出，美容整體造型的實用需求已不若以往大，反而為一般人所關心的是，如何藉著它來表達美化自己。

四　自我滿足

隨著自己的愛好來打扮，會使自己感到輕鬆愉悅而舒暢，甚至於增加信心，達到自我滿足的境界。一般人可輕易的以整體搭配來滿足其創造的慾望，藉由美容造型中獲取快樂與美感。

五　生活品質提升

由於科技發達，人們重視生活品味，相對地對個人的形象也同樣重視。從美容整體造型所具有的功能中，對個人而言，能表明其性別、年齡、個性、身分等；對整個社會團體而言，「它」更能表現其所屬的團體裡而明朗的社會秩序外年齡、個性、身分等，對整個社會主義我們更可以由多方面綜合今日為個人與社會兩方面、對心理兼顧生理衛生與職業道德禮儀、打扮儀態上的特殊效果在社會方面，藉著'理想的整體造型，可以就良好的社會秩引發優美的社會生活現出理想的文化特質與工業水準。

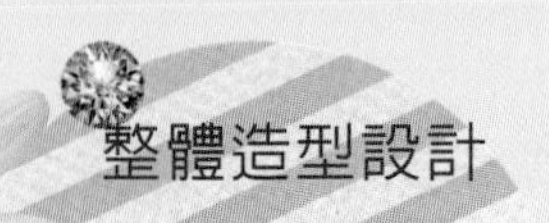

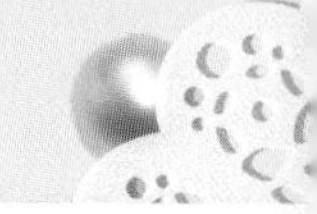

1-3 整體造型設計的方法

有主題才能動手做造型，倘若要使造型達到效果，可注意下列幾點：

1. 考慮文化價值及時代背景

不同的社會文化會影響個人對妝扮的價值觀點。文化泛指人們處於相同群體生活中，所共同建立的標準，可經由色彩與造型外貌，展現及表達個人美感。在現代社會，人們於婚喪禮儀、節日慶典中，習慣以舊有文化規範為妝扮依據，參加婚宴時，多選擇明亮的色彩，如紅色；參加喪禮時，多選擇暗色系，如黑色。

2. 造型的角色

造型以人、時、地、不同的行業類別或節慶活動與種族來區分，在應用上，由於資訊媒體普及，國內造型事業漸成風氣，無論廣告、電視、電影、戲劇、新娘、宴會、展覽、報章雜誌，和每年在世貿舉辦的資訊展、電玩展、婚紗展及化妝品展等，都需藉由整體造型來傳達其目的與訴求。影視媒體傳播以夢幻唯美、另類搞笑或奇特造型，吸引大眾目光，以達宣傳之效；舞臺妝演員欲詮釋演出人物之特色，通常以鮮明色彩與誇張線條來表現；而影視戲劇化妝，需配合劇情而定，演出之人物角色、時代背景與性格，為彩妝設計的首要條件。

3. 年齡層

依照不同年齡階段如青少年、少年、中年、壯年、到老年，體態會隨著歲月消逝而變化。以臉部而言，皮膚由光滑、細緻到粗糙、布滿紋路的老化現象，造型設計也會因此而有不同考量。

4. 依 TPO 時間、地點、場合予以區別

時間因素可分上班妝、聖誕妝；地點因素可分室內的居家妝或室外的校園妝；場合因素則可分為宴會妝、攝影妝與舞臺妝，可依個人需求，選擇適當的妝扮。

(1)彩妝：現代的彩妝設計風格多元，沒有既定的標準模式，有以年代劃分、季節區分或用色彩及其他類別來歸類。彩妝是針對臉部構造、表情施以立體方法加以美化的技法，運用適度的彩妝技巧來修飾創造美感，將臉部五官視為立體畫布，使用專業筆刷及專用顏料，以線條設計或色彩變化，創造出多樣的風格，以因應不同場合及主題需求。

(2)髮型：髮型造型包含型態、色彩、質感等，有助於視覺、聽覺、觸覺的訓練。同時造型又與美有關，而流行的造型，必須由以下基本造型概念構成，如點、線、面、體、明暗、髮束、方向、空間、髮色、動感等，才能產生視覺上的美感。

(3)飾品：一般人對於造型的認知大多著重在服裝款式的選擇與搭配上，事實上，「整體造型」所包含的要素極多，飾品也是其中不可忽略的一環，如果能夠巧妙的加以應用，注意飾品與造型之間的協調性，必會使造型更加完美無瑕。

(4)服裝：衣服的種類很多，有洋裝、長褲、裙子、襯衫、恤杉、外套等，而從每個種類再加以細分，又有不同材質、顏色、款式與種類的差別。所以對於每種類別與款式的衣服，若能先有基本程度的認識，便可利用相互搭配以變化出多種造型；也助於利用各種不同的衣服，修飾身材上的缺失，營造出最貼切的形象，應付每一種不同場合。

1-4 整體造型的分類

通常整體造型可分為：

1. 實用性

造型設計必須是與日常生活型態融合的，例如上班、居家、或參加各式各樣場合的造型能讓一般民衆所接受，並具實用性。

2. 創意性

創意設計包含新穎性，它必須是改善現有的，並對該領域的專業者來說具造型設計上的進步性，應用於媒體、廣告設計、影視造型、創意舞臺之角色扮演等。

下面介紹幾個款式參考包括：

中國風格：依中國不同朝代設計造型，如上古時代、秦漢、魏晉南北朝、隋唐五代至近代，至今女子對於造型極為講究。

西洋風格：西方上古時期，古埃及、維多利亞、洛可可、巴洛克、新藝術西洋年代等。

1-5 整體造型設計須知

一 理想效果

1. 彩妝材料的選用

可將彩妝用品分為粉類、眼部及唇部三大類。其中粉類化妝品包含底妝、上妝以及定妝三個階段；眼部化妝品含有眼影、眼影膏、睫毛膏、眼線液等；唇部化妝品則包括了口紅、唇蜜、唇線筆等彩妝產品，可依照個人需求與不同妝扮過程，來選擇產品類型。

2. 飾品搭配運用

選擇配飾，首重設計、手工和用料，配飾的購買原則也是貴精不貴多，重質不重量。其次，要考慮是否適合年齡、身分與場合？裝扮是否出色？配襯是否諧和？飾物之間與衣服的組合非常重要，雖然每個人的喜好和品味都不同，但共同的原則是不能把太多飾物往身上堆，因為會顯得誇張相累贅，呈現出反效果。

3. 服裝與色彩

服裝顏色的選擇可以推測出這個人的個性，如何才能簡便、迅速地選擇出適合自己的顏色，並在穿著上達到宜人適地的要求，是經常困擾大家的問題。當我們面對五彩繽紛的服裝色彩時，絕對不能六神無主，或急著購買衣服，須視目的與需求，配合自己的形象，選購最合宜的色彩與款式。

4. 體型與習性

一般人在講到女性身型的時候，通常只知道高矮胖瘦，身型屬性是規劃造型時，不得不考量的首要因素，因為身型與人體骨骼構造有關，而骨骼構造又關係著遺傳學，可說是與生俱來的，所以才需要藉由外在的服裝加以修飾。依身型精挑細選的服裝，不僅能幫助掩飾缺點、強調優點，還能讓身型取得整體協調，如此即使先天的身型並不那麼完美，一樣能夠打造出近乎完美的造型。

5. 場合與年齡

配合場合的造型須知、不同的場合如室內或室外，上班或宴會，與長輩或晚輩相處等。

6. 流行時尚

時尚（Fashion）其實非常簡單，說穿了就是一種言論自由，一種社會符號，諸如服飾、配件、珠寶、髮型、彩妝造型等都涵蓋在時尚範疇中。好幾個世紀以來，個體與社會利用穿著及其他配飾，與他人進行無聲的

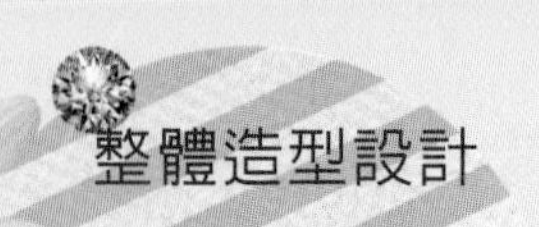

溝通，溝通的訊息中包含職業、社會階級、性別、性向、地域、生活水平、富裕程度與同儕團體等，然而帶給他人的快速印象，在解讀與被解讀時每個人給的答案不盡相同，正因如此，這也為時尚激盪出更多的想法與創意。

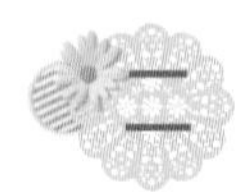

二　實物設計

所謂實物設計即是依據各種場合需求、年齡角色須要而設計，例如：影劇舞臺為例各行業職場、廣告、電視、電影、戲劇、新娘、宴會、展覽、報章雜誌，婚紗展及化妝品展等造型設計。

三　啓發性設計

在生活中、自然界、社會、歷史、未來等，隨時隨地只要留意周圍，將發現到處都是取之不盡、用之不絕的創意來源。

造型的條件很多，包括形態、材質、技法、色彩、構成原理、機能和空間等。而在造型的過程當中，並不是隨興可得到其效果，必須經過周密的計畫、主觀與客觀的判斷，再經由創作者的思緒整理啓發性設計，才能設計有一件好的作品。

造型工具與設計素材

2-1　美髮用具認識與選擇

2-2　化妝用具功能介紹與選擇

2-3　各種配飾品介紹與選擇

2-1 美髮用具認識與選擇

表 2-1　美髮用具介紹

名　稱	功　能
吹風機 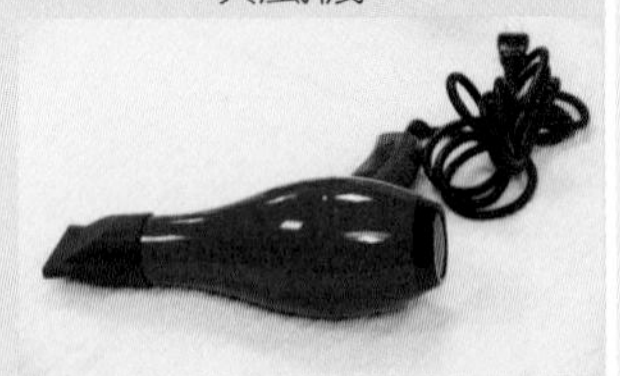	大家都很熟悉的吹風機，也是美髮造型的好幫手，能夠以熱風吹整出捲曲弧度。選擇吹風機時，以自己拿得順手為優先，再來則是重量要輕盈，根據自己的需要來選擇適合的吹風機款式。
電熱捲 	電熱捲使用時的角度不同，就會出現不同視覺效果，是很方便的道具．也是進階中級班必備、入門又方便好變化髮型的美髮道具。電熱捲通常內附基本 U 型固定夾與鯊魚夾能讓頭髮牢牢固定髮捲不怕掉落定型佳。
平板直髮夾 	此為捲翹毛燥或自然捲髮質女生的最愛，也為塑造出俐落飄逸髮型不可或缺的道具，有了它，不需要離子燙就可享受到直髮的飄逸感，若因長時間受熱影響髮質，需於使用平板夾前，以頭髮美容液噴灑，減少頭髮的損傷。
浪板夾 	浪板夾塑造出米粉頭，或是前衛個性的龐克感，便可以善用浪板夾這項道具來變化，而且每種髮質使用後的效果皆不同，持久度也相當良好，浪板夾能讓髮量增多豐盈、持久度又強、看來又充滿時尚感對於髮量少、非常適合。
電熱棒 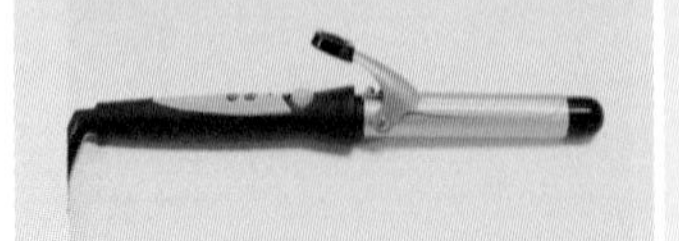	電熱棒的種類，一般分 IC 控溫，也就是恆溫，隨時保持固定的設定溫度，屬於職業級的工具，電熱棒的尺寸決定了你要的波紋、捲度的大小，一般製造商會分為大、中、小三種 SIZE 或兩種（小或大），使用電熱棒的溫度儘量不要低於 150 度，因為自行 DIY 時，頭髮分區愈少速度愈快，因為大部分的人對著鏡子操作是反方向，所以左右手會不協調造成髮片不易捲入捲棒。

名稱	功能
黑色橡皮筋 	可以幫助頭髮固定不凌亂，單用髮飾容易讓髮型鬆散，這時用黑色橡皮筋可以加強固定，也不會搶走髮飾焦點，愈細的款式愈好，綁完後要注意頭部髮型及弧度。
無痕固定夾 	無痕固定夾因為是寬版設計，在變髮時能有效將某些頭髮固定之外，寬版設計能在頭髮上不留痕跡，不必擔心取下輔助髮夾後頭髮出現難以撫平的線條。
鶴嘴夾 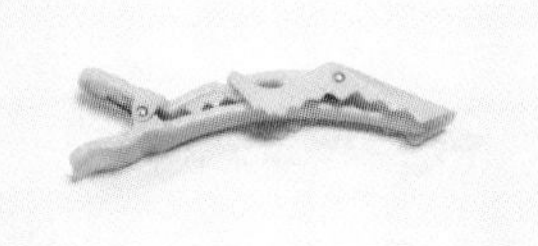	無論是綁髮、使用電棒捲、髮捲，在需要將頭髮分區或分批處理時，能夠夾住大量盤起預留頭髮的鶴嘴夾，絕對是想變化出美麗髮型時不可或缺的重要幫手。
穿髮棒 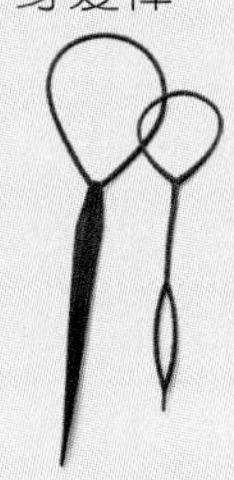	對於綁髮技巧不是太熟練又想綁出獨特髮型的女生相當有幫助，善加利用就可以編織出充滿氣質的髮型，而且隨著頭髮繞過穿髮棒的圈束多寡，髮髻的形狀也會有所不同，鬆緊度也可以自己調整，展現鬆散美感、緊實有高雅的氣質，變化性相當多。

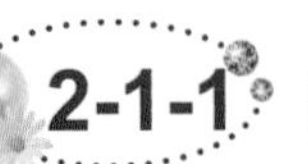

2-1-1 美髮相關用具介紹

1. 梳子

為日常簡易的基本道具，其中圓形梳能藉由吹風機輔助吹出 C 型波浪，尖尾梳除了具有分髮線的功能外，還能將頭髮梳整並以逆刮方式讓頭髮呈現蓬鬆感，尾端更能挑整髮流與線條感。而豬鬃梳則是能防止靜電，讓髮質不因造型梳整而受損，成為造型上的重要幫手。大家可以依照自己需要，挑選出適合並好用的梳子來幫助自己整髮與造型。原則上，有了這三把基礎梳子，基本的頭髮造型就都不是問題了。

表 2-2　髮梳用具介紹

名稱	功能
豬鬃梳	豬鬃毛製成的梳子密度很高，白豬鬃毛最優，毛質最柔軟，可以吹整毛燥髮絲，另一面為尼龍，可讓髮絲彈力有型，雙重功能一支達成，讓扁塌髮不再煩惱，較中間空心的設計，讓熱風順著梳子平均噴出，一面吹整一面受熱，避免熱風過於集中一點，造成髮絲傷害。適用於直長髮。
尖尾梳	在打鬆、梳理、燙髮、修飾髮型時用之，其質地有硬塑膠及軟塑膠兩種。 ・硬塑膠製的尖尾梳，適合打鬆、梳理、修飾髮型時用。 ・軟塑膠製的尖尾梳，則較適合燙髮時，挑髮片使用。
中圓梳	中圓梳適合吹捲曲、捲度適中造型使用較持久，強調髮尾的彎度。
平板梳	亦稱大扁梳，在梳鬆或梳亮髮絲時使用。

名稱	功能
小板梳	使用手提吹風機時用，協助挑髮片或梳理髮絲之用。
九排梳	梳子上有九排齒梳而稱之，吹直髮型時使用。
排骨梳	屬硬齒狀的髮梳，此種梳子便於梳理前額等線條髮型之用。
包頭梳	亦稱 S 梳，齒梳較密而軟，逆梳後整理髮絲表面使之光亮。
圓梳	有大、中、小之分，鬈曲髮型或直髮型皆可使用。

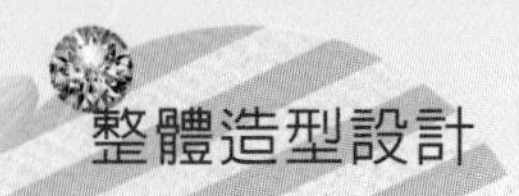

表 2-3 髮夾用具介紹圖

名稱	功能
U 型髮夾	U 型髮夾縫合、固定、支撐用。
小髮夾	小髮夾固定髮型，用於髮量少之部分。
大髮夾	大髮夾固定髮型，用於髮量多之部分。
鯊魚夾	鯊魚夾適用於髮量較多時之暫時固定，如吹髮時。
單叉夾	單叉夾適用於整髮定型，大多使用於髮束少之部位。
雙叉夾	雙叉夾用於單叉夾之作用，固定力強於單叉夾。
鴨嘴夾	鴨嘴夾做波浪整髮之暫時固定用。

表 2-4　吹風整髮用具

名稱	功能
吹風機	吹風機分大小吹風機，依需要選用。
大型吊吹	大型吊吹整髮時上髮筒吹乾用。
電腦烘乾機	電腦烘乾機由新式電腦紫外線烘乾造型。 用於固定造型、烘乾髮型，適用於鬈曲髮型。
髮筒	髮筒有大、中、小尺寸，依髮質、頭髮長短而選用。
波浪鉗	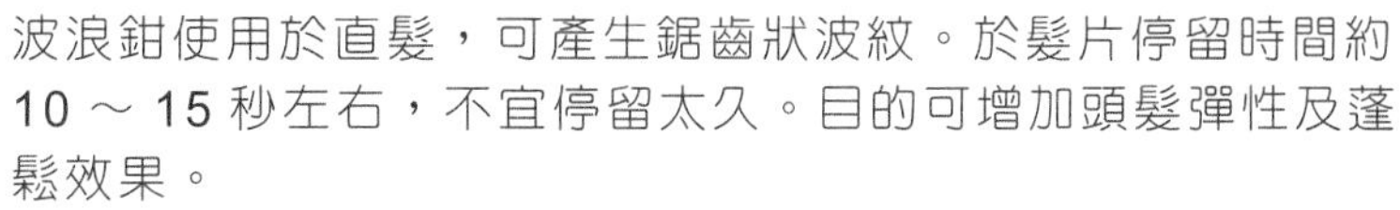 波浪鉗使用於直髮，可產生鋸齒狀波紋。於髮片停留時間約 10 ～ 15 秒左右，不宜停留太久。目的可增加頭髮彈性及蓬鬆效果。

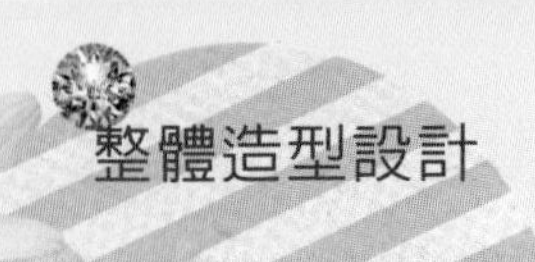

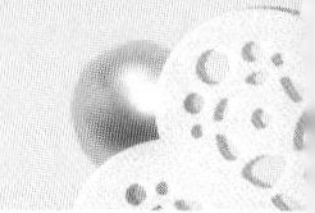

表 2-5　剪髮用具介紹

名稱	功能
剪髮梳	剪髮梳裁剪髮型時用。其梳齒有疏及密之分；疏齒梳的剪髮易梳理，但不易梳直毛髮，裁剪髮型時可彈性的運用。
削刀	削刀削剪頭髮可用修面刀，常用削刀有單刃與雙刃兩種，用以減少髮量，尤其適用於髮尾的削剪。
推剪刀	推剪刀適用於鬢角、髮際線等短髮之推剪。
疏剪刀	疏剪刀亦稱為打薄刀，當頭髮髮量多又密時，可用疏剪刀來打薄，減少頭髮髮量。疏剪刀又分為單齒疏剪及雙齒疏剪兩種，是以齒數多寡決定髮量，單齒較好控制，雙齒需要專業級設計師使用。

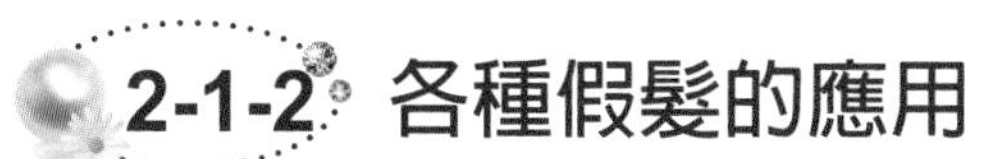

2-1-2 各種假髮的應用

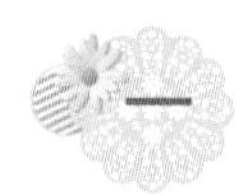

一　假髮材質的種類

1. 人造絲

所謂的人造絲就是由化學纖維製造而成的假髮，優點是髮色鮮豔明顯，可作誇張的設計，價錢也較便宜，常用於舞臺表演、PARTY 場合。缺點是使用期限短，較不透氣，不易再輕易變換髮型。

2. 一般髮

曾經過染色、捲燙處理的真髮，優點是較人造絲假髮真實、自然，也有各種造型、髮色可供選擇。使用期限較人造絲長。缺點是容易產生靜電、需保養、吹整。

3. 優等髮

即是從未經過染色、捲燙處理的真髮，髮質較健康、有光澤、彈性、容易造型，即使為長髮，也不易糾結，使用期限最長。缺點是需保養、吹整。

選購髮笠時，首先要選擇適合自己的頭寸；第二，顏色選擇適合於自己的膚色，其髮質必須柔軟有光澤。髮笠一般使用者為：

(1) 平常整理好假髮，急於外出時。
(2) 保持自己短髮，喜愛改變成中長或長髮型者。
(3) 保持本來長髮，偶爾改變短髮型時。
(4) 頭部有缺陷或自己頭髮無法梳成喜愛髮型時。
(5) 保持自己本來髮色，時而改變髮色，以配合服飾時。
(6) 舞臺表演時改變髮型。

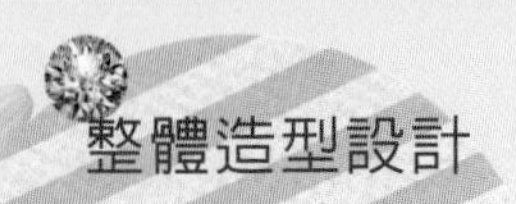

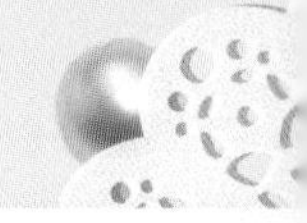

表 2-6　假髮種類

種　類	特色
全頂髮笠 	適合髮量稀少，不想再染白髮者，或醫療後的病友，需要長時間戴全頂髮。
半頂髮笠 	通常使用於顯露自己前髮，接上長髮型或特殊髮型時戴用，其長短、尺寸，可視需要而定。 選購半頂髮笠最注意其顏色與髮質，其顏色應與本人髮色一致，髮質之粗細也應相似，戴上之後才能以假亂真。
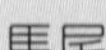 馬尾 	馬尾之形狀就像馬的尾巴，通常使用於馬尾髮型之接尾，有時在特殊髮型時，也可以改變為其他用途。 選購馬尾時，應和自己髮色一致，髮質比較柔軟，才能顯出頭髮之動感美。

種　類	特色
髮條 	像油條狀的辮子假髮，分有細、長、短、粗視需要而用，使用髮條可以折成曲狀或圓型，以修飾頭髮之用。
髮片 	是一種在頭髮上的一小部分需用的髮片，如瀏海、側髮等的貼用，或以不同顏色配成花色頭髮時使用，也是男人禿髮常用的髮片。
小髮髻 	小髮髻： (1) 小髮髻之用途最多，多為增加某部分之重感時，最常使用的髮髻。本身就是鬈性，裝上時，可隨髮型需要，做出髮鬈或髮流。 (2) 髮髻分為圓型底盤、長圓型底盤、網狀自由型底盤，可視素材和頭型而決定使用種類。 (3) 選購小髮髻時，應完全與自己髮色一致為重點。
練習用假髮 	是為學習美髮技術練習用的假髮與架子，分為直接長髮型與面具預備型兩種。

二 假髮的清潔保養

1. 下水前先將頭髮梳開，切忌不能胡亂搓揉假髮。
2. 要順著假髮一層層由上往下以指頭慢慢梳開。
3. 將洗髮精和溫水在臉盆上均勻起泡。
4. 假髮浸泡 20 分鐘等待油漬漂浮。
5. 取寬齒梳在水中，從髮根梳到髮尾。
6. 等待 20 分鐘後，輕捏去水分。
7. 提著前帽沿用清水由上而下沖淨洗去洗髮精。
8. 用少許潤絲和水浸泡髮絲尾部。
9. 輕捏去水分後，取吹風機開中溫吹乾帽底。
10. 吹乾帽底後自前帽沿由上而下吹乾髮絲。
11. 接著吊起來陰乾，洗淨用小瓶蓋之假髮專用洗髮精加入一小盆清水（已可浸泡過假髮之水量即可）用手輕拍髮絲將汙垢清初，在用清水順髮流方向沖洗乾淨即可。
12. 以專用潤絲精一小瓶蓋加入少量清水，再將假髮浸泡 5-10 分鐘之後取出，用毛巾曬乾水分即可（請勿用水再沖洗）。放在通風陰涼處晾乾，等到完全乾燥後，再用梳子梳出原來的髮型。
13. 使用假髮順髮露可使假髮易梳理，並延長使用年限。經過以上步驟即可收藏及穿戴。

2-2 化妝用具功能介紹與選擇

在化妝造型中，粉底、眼影、胭脂、唇膏等彩妝產品，應有盡有，而每個用途都有所不同，如能針對化妝者的膚色與五官特徵選擇適當的化妝品，醜小鴨必然會變成天鵝。而如何善用這些產品，把彩妝發揮的淋漓盡致，呈現完美的使用效果，那就必需倚賴專業的刷具組。

一　專業彩妝種類

表 2-7　彩妝種類

品名		功能說明
粉底	粉底液 	液態粉底，油份含量非常少，是所有粉底中最輕薄、遮蓋力較差，適合一般淡妝。
	粉底霜  	透氣性佳，對皮膚負擔較輕的粉底，但是相對的遮蓋力會比較不好，粉霜又細分無油性、防水性、一般性，若是比較容易出油的肌膚者，應選用無油性或防水性的粉霜。
粉底	粉底膏 	含油脂量較多，遮蓋力也比粉霜強，適合春秋季或是皮膚有瑕疵、黑斑、乾性皮膚者使用。

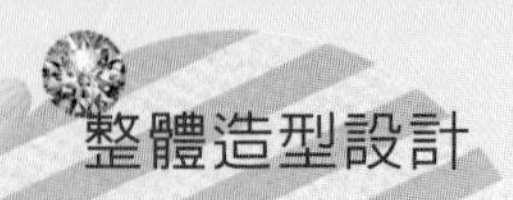

品名		功能說明
粉底	粉條 	含油量多，具較強的遮蓋力，化妝效果持久，因此適合快速化妝的用途。早期常用於新娘妝、攝影妝、晚宴妝以及戲劇化妝等，但是因為含油量較高且妝感顯得較厚重，近年來漸不採用。
	遮瑕膏 	是一種特別濃縮的粉底，黏性強、質地濃厚，專門遮蓋住臉部黑斑、傷痕、胎記或微血管浮現處，也可以使凹陷處或顏色較暗的部位變明亮。
	水粉餅  	混合了粉霜和粉，適合油性膚質夏天使用，能使底妝較不容易脫落，具有耐汗、耐水、耐油脂、抗 uv 的特性，適合新娘妝，舞臺妝可擦於易流汗水的頸、背以及手臂上使用時具有清涼乾爽之感。
	兩用粉餅 	具有多項功能，可沾水或不沾水使用。是屬於乾溼兩用的一項產品，能讓化妝比較持久，長時間不脫妝。但比較不建議乾性皮膚的人使用，因為它比較容易造成乾性皮膚的人會有乾澀緊繃的不舒服感，兩用粉餅比較適合在一般簡易補妝上使用。
定妝	蜜粉 	鬆散粉末狀，使用粉撲沾取或利用粉刷沾取使用，作用是用來定妝，避免臉部反光，可讓妝容持久不易脫落，更可以使皮膚看起來質感比較細緻輕柔。

品名		功能說明
眼部化妝	眼影 	目前最為普遍使用的一項產品，色彩比較豐富、附著力好，容易塗抹，以眼影刷或眼影棒沾取使用。
	眼影膏 	油脂成分較多，比較容易附著在皮膚上，易上色、好推勻、以指腹輕推擦勻即可，使用眼影膏之後在疊上眼影粉可以讓眼妝更持久。
	眼影粉 	色彩較豐富，眼影膏疊上眼影粉使用效果更佳可以讓舞臺眼妝更亮麗。
	眼影筆 	如鉛筆形狀，比較適合小面積塗抹，缺點是使用之後會有乾澀緊繃感。
眼部化妝	眉筆 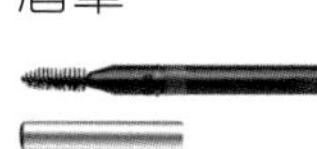	眉筆描繪眉毛使用，使用前先將筆心削尖或削扁，畫出來的眉毛形狀會比較流暢。
	眼線筆	眼線筆如鉛筆形狀，將筆尖削尖或削扁使用，由於筆心是固定的，可以保持手部穩定度而描繪出自然柔和的線條，所以比較適合初學者使用。

品名		功能說明
眼部化妝	眼線餅 	眼線餅如水粉餅一般，將筆沾溼後沾取使用
	眼線液 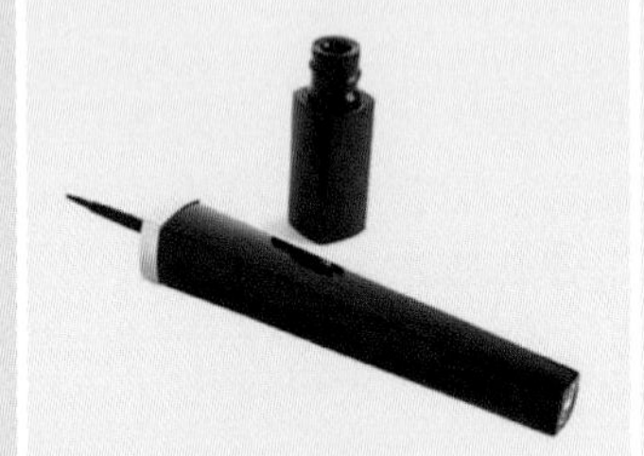	眼線液成分中含有膠狀物，有防水的效果，所以遇到汗水或淚水也不會有暈開的情形發生。
	睫毛膏 	睫毛膏可以讓睫毛加長讓眼睛看起來變大更加明亮有神。目前較為常見的是乳霜狀或液態狀的產品，這一類的產品大多是利用刷毛或刷棒來運用。現在大部分睫毛膏中都會添加 3~4% 的天然或合成短纖維，可以加長睫毛長度與濃度或是捲度。
眼部化妝	睫毛膠 	睫毛膠的作用將假睫毛黏在眼瞼上，而因為睫毛膠是直接接觸眼睛部位，所以在品質上要相當注意，另外，在選購睫毛膠需注意沾黏性，黏度太強難卸除乾淨如不夠容易掉落也不行。
	假睫毛 	能讓較稀疏的睫毛，顯得濃密與立體營造出眼眸有神。在選擇顏色上，亞洲女性的顏色是深棕色或黑色，裝戴時假睫毛與自己本身的睫毛溶合在一起能顯得更為自然。

品名		功能說明
頰部化妝	腮紅餅	腮紅可以使臉色紅潤、健康。腮紅的色系從橘色、粉紅到桃色，都可配合口紅色彩來做出最好的修容效果，有些化妝品公司所販售的眼影也可以當作腮紅使用，但建議分開使用，因腮紅與眼影的質地屬性不同，呈現的效果也會大大不同。
	雙色修容餅  	顏色有分為深色及淺色的修飾粉，淺色的修容餅是使用在 T 字部位（額頭、鼻樑、下巴以及小臉頰的三角地區），做立體的效果，深色的修容餅是使用在顴骨、下頰骨地區，做收縮的效果，使用修容餅修飾後，臉部五官可以更加立體。
唇部化妝	唇膏 	有多種色彩的選擇，可以增加唇部的色彩變化，美化唇部。
唇部化妝	唇蜜 	唇蜜內含油的成分和細微亮粉，可以讓唇部閃閃動人，另外也會根據亮粉的多寡營造出不同的視覺效果。
氣氛化妝	指甲油 	增添手部或足部的指尖風采。

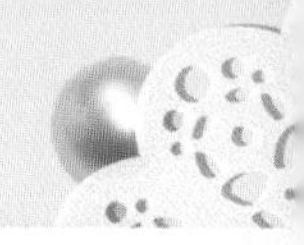

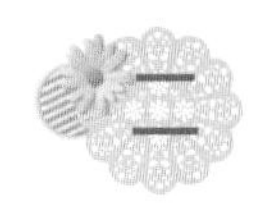 二 專業彩妝刷具

所謂「工欲善其事，必先利其器」，刷具作為化妝重要輔助工具，如要真正為化妝加分，品質就必須有一定水準，而影響品質最重要的因素就是刷毛。一般常見的刷具，在材質的使用上，多為動物毛、人造毛及混合毛三類。天然刷毛和人工刷毛無絕對性的好壞，而是視功能不同而定。一般而言，天然動物毛因為比較柔軟，刷毛轉動的角度大，適合使用在臉頰等較大面積的地方，例如蜜粉刷、修飾刷。而人工刷毛，其觸感較硬，但相對較具彈性，一般用於膏狀彩妝品，方便描繪線條、輪廓，而眉毛、睫毛等特定部位的細部修正時，使用硬質刷毛，上色效果亦較佳。而選擇眼影刷方面，則要注意刷毛不能太硬，否則易傷害脆弱的眼部肌膚。刷毛太軟則妝效不佳，因此天然與人工毛會視情況交互運用。

筆刷為彩妝使用上最普遍之工具，分為：

粉底刷、蜜粉刷、餘粉刷、腮紅刷、修容刷、眼影刷、睫毛刷、眉刷、眼線刷、鼻影刷、唇刷等，可依據刷毛的長度、寬度、密度、刷頭形狀，及五官各部位面積大小來選擇。

圖 2-1　彩妝工具

1. 眼線筆

購買前應先試畫，避免質地太軟的眼筆，因為容易折斷，挑選硬度、油潤度與顯色度適中的眼筆，畫眼線時眼尾的線條比較容易表現。而黑色、灰色與咖啡色是畫眼線必備的基本色。流行色如寶藍色、紫色、綠色，也可視化妝設計分別運用。至於較乾、硬的眼筆可用來描畫眉型，基本色同樣是黑色、灰色與咖啡色。

下列為化妝用具分類介紹：

表 2-8　化妝用具分類

種類	名稱	用途及說明
面部	海綿	使用海綿來推勻各式粉底，讓粉能與膚色均勻。 形狀有圓形、方形、多角形等，不同大小尺寸供選擇，面積較大者可上於全臉，小面積則可用來修飾鼻翼、眼角等細微部分。
	粉底刷	用於大面積的塗抹，上妝效率快。 其優點是較能保留並控制粉底液水分使用的量，薄透的用量適用於人體彩繪、舞臺或特殊效果。
	遮瑕刷	適用於小範圍，如眼周及局部斑點、痘痘的遮瑕。 尺寸常有中型及小型，形狀呈扁平狀。
	粉撲	定妝用，為使妝容持久，不易脫妝。 呢絨材質的粉撲，較易使蜜粉附著且較為紮實，用量須注意控制均勻。

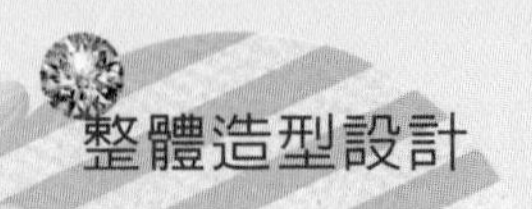

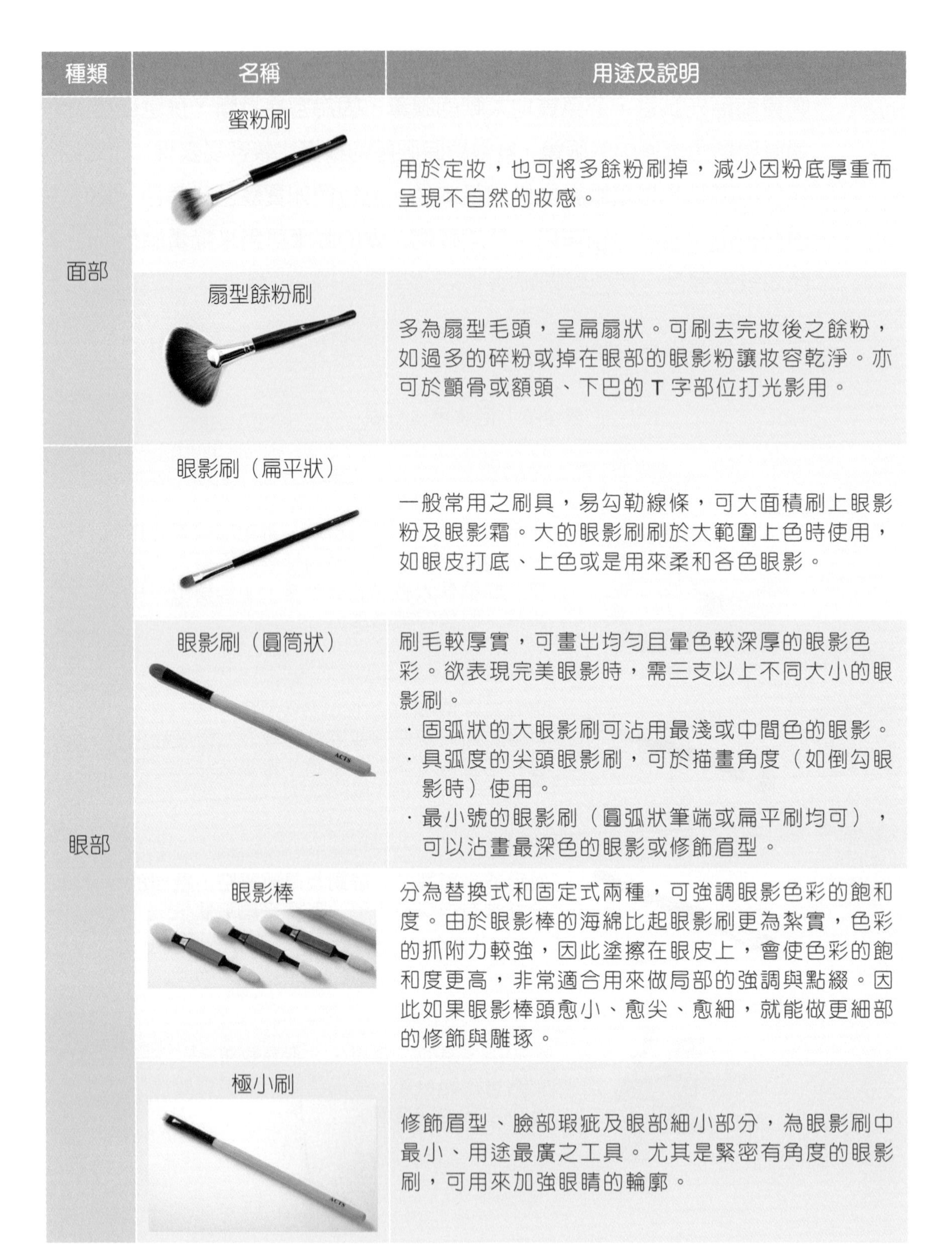

種類	名稱	用途及說明
面部	蜜粉刷	用於定妝，也可將多餘粉刷掉，減少因粉底厚重而呈現不自然的妝感。
	扇型餘粉刷	多為扇型毛頭，呈扁扇狀。可刷去完妝後之餘粉，如過多的碎粉或掉在眼部的眼影粉讓妝容乾淨。亦可於顴骨或額頭、下巴的 T 字部位打光影用。
眼部	眼影刷（扁平狀）	一般常用之刷具，易勾勒線條，可大面積刷上眼影粉及眼影霜。大的眼影刷刷於大範圍上色時使用，如眼皮打底、上色或是用來柔和各色眼影。
	眼影刷（圓筒狀）	刷毛較厚實，可畫出均勻且暈色較深厚的眼影色彩。欲表現完美眼影時，需三支以上不同大小的眼影刷。 ・固弧狀的大眼影刷可沾用最淺或中間色的眼影。 ・具弧度的尖頭眼影刷，可於描畫角度（如倒勾眼影時）使用。 ・最小號的眼影刷（圓弧狀筆端或扁平刷均可），可以沾畫最深色的眼影或修飾眉型。
	眼影棒	分為替換式和固定式兩種，可強調眼影色彩的飽和度。由於眼影棒的海綿比起眼影刷更為紮實，色彩的抓附力較強，因此塗擦在眼皮上，會使色彩的飽和度更高，非常適合用來做局部的強調與點綴。因此如果眼影棒頭愈小、愈尖、愈細，就能做更細部的修飾與雕琢。
	極小刷	修飾眉型、臉部瑕疵及眼部細小部分，為眼影刷中最小、用途最廣之工具。尤其是緊密有角度的眼影刷，可用來加強眼睛的輪廓。

種類	名稱	用途及說明
眼部	眼線筆	毛量極少，似圭筆。一般需配合沾水性眼線餅或眼線粉使用，增加眼神明亮感。
	眼線刷	勾勒眼型，適用眼線膠、眼線膏。沾水式的毛筆狀眼線刷，利於描繪精緻的眼線，甚至描畫精細的眉型時亦可使用。
	睫毛刷	可將落於睫毛上的餘粉刷除，或將糾結的睫毛膏刷開，增加睫毛捲度，並可清除粉末異物，亦可視為眉刷，用來修飾眉毛。
	睫毛夾	加強睫毛捲度，以金屬製品為佳。加熱式的睫毛夾，則可解決睫毛剛直、難夾翹的睫毛。
眉部	眉刷	可柔化眉毛線條，或使毛流明顯。
	修眉刀	材質多為硬毛斜角刷，較硬的毛質及斜角毛頭，有助於控制眉粉均勻掃於眉毛上，亦可用來掃勻畫眉後的顏色。
	眉夾	修整眉毛，分為刀片式與把柄式。

種類	名稱	用途及說明
鼻部	鼻影刷	增加鼻子立挺度，以軟毛材質為主。
頰部	腮紅刷	可修飾臉型，展現完美的輪廓與加強氣色。選擇毛質非常柔軟的腮紅刷刷除餘粉；扁平的寬口弧度腮紅刷可用來刷飾腮紅顏色；窄口的扁平腮紅刷則利於修容。
	圓頭腮紅刷	圓頭掃可用於兩頰位置打圈，做出娃娃妝味道的腮紅效果。
	扁圓頭胭脂刷	毛頭扁平適合做出斜斜向上的腮紅效果。
	斜頭腮紅刷	斜角毛頭有助控制胭脂的範圍，做出細緻的效果，由顴骨至髮線斜斜向上掃，可突出面部輪廓，亦可作打陰影或修改面形之用。適合一般化妝或初學人士使用。
唇部	唇刷	用來勾勒描繪唇型，刷頭通常都是呈小、尖、扁平之形狀。
	伸縮唇刷	毛頭呈尖形，易於描畫唇型，不易出界。伸縮筆管設計利於保護毛頭，方便外出攜帶。

種類	名稱	用途及說明
唇部	平頭唇刷	人造纖維製，質地柔軟富彈力，能將唇膏平均掃於唇上，營造出豐盈的效果，平頭設計亦可助於勾出理想唇形。
	尖頭唇刷	毛頭漸漸收窄，呈尖形，易於勾畫彎位和唇角，效果自然，適合一般化妝使用。
其它	調棒	扁平狀挖杓，挖取口紅調色用。
	剪刀	用途為修剪眉毛或假睫毛。
	鑷子	裝戴假睫毛使用。

2-3 各種配飾品介紹與選擇

一般人對於造型的認知，大多著重在服裝款式的選擇與搭配上，較易忽略飾品與造型之間的協調性。事實上，「整體造型」所包含的要素極多，飾品也是其中不可忽略的一環，如果能夠巧妙的加以應用，必會使造型更加完美無瑕。如一條項鍊、絲巾或腰帶，便足以令一身平凡的造型增添特色，塑造不同風格，彰顯個人品味；然而，配戴不合適的飾物也可能破壞形象，影響別人對你的觀感。形象需要靠內在與外在的整體結合，因此身上的每件配飾，如鞋子、襪子、手袋、手錶、眼鏡、領巾、首飾、頭飾，甚至雨傘和電話繩，都是責任重大的配角。

配飾的選擇，首重設計、手工和材質。與衣服一樣，配飾的購買原則也是貴精不貴多，重質不重量。其次，要考慮是否適合年齡、身分與場合，裝扮是否出色、配襯是否和諧。雖然每個人的喜好和品味都不同，但共同的原則是不把太多飾物往身上掛，因為會顯得誇張與累贅，換來反效果。

2-3-1 服裝材質與款式

如何買衣服？不但要挑顏色、款式，更不能忽略不同的材質與款式可產生不同效果，更可表現穿著者的不同個性，如天然質料的麻質與棉質，有著舒服、樸實的感覺，而喜歡穿棉質衣服的人也讓人看起來輕鬆愉悅。然而不管是天然或化學材質的絲絨，看起來都有一種高貴的華麗感。至於喜歡穿著推陳出新的新科技材質的人，通常較會追求時尚流行，對新鮮的事物也較具好奇心，喜歡成為大家注目的焦點。羊毛的質感柔軟，愛好者多半是個性較成熟世故的人，在生活中注重品味，在工作中追求完美，講求工作與休閒並重，是一個懂得享受生活的人。皮革帶給人的感覺一向是比較冷酷的，一般代表對自己充滿自信，有著愛冒險般的性格，追求自我的成長。

選擇合適質料的服裝參加合宜之場合是對人對事的基本尊重。如何根據材質的特性，來選擇最適合的款式，以及如何利用材質的優點特性，充分應付每一種不同場合，為你自己的穿著加分，首先需了解服裝材質與款式，參考如下：

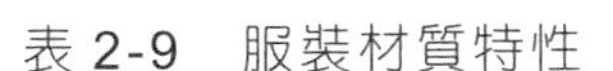

表 2-9　服裝材質特性

材質	特性
棉（Cotton）	吸溼性好、手感柔軟，穿著衛生舒適、溼態強度大於乾態強度，但整體上堅牢耐用、染色性能好，光澤柔和，有自然美感。
麻（Linen）	透氣、有獨特涼爽感，出汗不黏身、手感粗糙，易起皺、具懸垂性、麻纖維鋼硬，抱合力差。洗滌方法：洗滌時應比棉織物要輕柔，忌用力搓洗。
毛（Wool）	蛋白質纖維、光澤柔和自然，手感柔軟，比棉、麻、絲等其它天然纖維更有彈性，抗摺皺性好，熨燙後有較好的褶皺成型和保型性、保暖性好，吸汗及透氣性較好，穿著舒適。
絲（Silk）	蛋白質纖維、富有光澤、有獨特「絲鳴感」，手感滑爽，穿著舒適，高雅華貴、強度比毛高，但抗皺性差，比棉、毛耐熱，但耐光性差。
人造纖維（黏膠、醋酯、銅氨、富強）	再生纖維，與棉麻的主要成分相同，均為纖維素色彩鮮艷，手感柔軟，穿著舒適抗皺性較差。
天絲（Tencel）	天絲溼態強力只下降 15%。
尼龍（nylon)	彈性好，耐磨不耐曬，易老化。
合成	耐曬、重量輕，保暖，手感強，懸垂性很差。
萊卡	彈性很好，有彈性纖維之稱。水洗、乾洗均可，但需以低溫蒸氣熨燙。
聚氨酯樹脂合成革	強度高，薄而有彈性，柔軟滑潤，透氣及透水性好，並可防水，柔韌耐磨，外觀和性能均接近天然皮革可進行多種表面處理及染色，品種多樣。

2-3-2 服裝款式

服裝款式，乃是影響形象的重要關鍵之一。衣服款式可以反映一個人的背景、個性、職業，甚至專長和地位，所以服裝的款式與細節都不容忽視，尤其在工作上，當上司還未完全看出你的能力，或是客人未對你產生信任，你身上的衣服足以影響別人對你的觀感是否專業。一般來說，線條筆挺俐落的套裝，予人井然有序、處事認真、權威硬朗的感覺。質料柔軟寬鬆的套裝則較親切隨和。恤衫方面，寬鬆的感覺較中性，修身的較女性化。硬直的領子反映出剛直、有效率的特質；圓領則顯得斯文端莊。女性化的裝飾如荷葉邊令人感覺溫柔，唯不夠專業。想表現專業幹勁，簡潔俐落的設計是不錯的選擇。

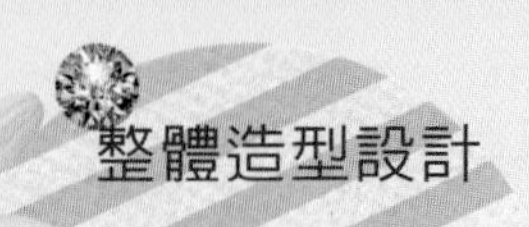

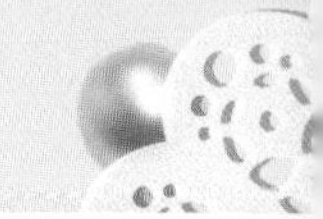

表 2-10　服裝款式與特性

款式	特性
洋裝	大多數的洋裝款式都會強調其輕柔感與垂墜性，所以在挑選洋裝時，最好不要選擇太厚重或太硬挺的布料，以免看起來感覺太沉重。棉、麻與化學材質及其混紡的布料，都頗適合作為洋裝素材。
套裝	上班族最常穿著的款式，在質料必須要維持一定的質感。真正適合套裝的材質，夏季以棉、麻及混紡的布料為佳，冬季則以毛料為主。
襯衫	棉與絲的材質都很適合運用在襯衫上，如果擔心棉質的襯衫容易皺，可以選擇棉與化學材質混紡的布料，就可以永久省去燙襯衫的麻煩了。在冬天，羊毛襯衫也是相當好的選擇，不但具保暖性，也不會有太重的感覺。
褲子	與裙子一樣，選購材質的重點最好以不容易起皺褶的為主。斜紋布料所製成褲子穿起來會比較挺；以絲或混紡材質所製成的寬管長褲，則有輕柔的垂墜感，穿起來的效果與長裙差不多。
外套	根據不同款式的外套，其材質當然也會有所不同。上班時所穿的外套，在材質的選擇上應與套裝一樣，要注意質感；一件質感佳的外套，往往可以穿上許多年。休閒時的外套不但在造型上多變，材質的選擇性也相當多，如果常從事戶外活動，則應選擇機能性高的材質如：(棉與彈性佳的萊卡布料)
正式禮服	禮服是所有衣服中最講求質感的，最好能表達出華麗與高貴的氣質，所以在材質上的要求，也相對的提高。適合製作禮服的材質有：具天然的絲織品、雪紡紗、絲絨布、纖維柔細的針織布等。
短外套	強調上下身的比例，賦予下半身修長的印象。
中長外套	融合修飾與遮蓋臀圍的效果，與長外套相比更容易展現 OL 的精神與活力。
長外套	率性舒適的中性感，單排釦與雙排釦皆有，隨性的灑脫氣息。
短裙	適於展現及強調女性美麗修長的腿部線條。
窄中長裙	穩重、幹鍊、成熟為基本印象，但上衣選擇不同，會有不一樣的風格產生，搭配性極廣。
A 字長裙	選配短套或外穿方式，可展現正式與休閒兩種極端的風貌。
窄長裙	穩重、成熟、修長、嚴肅、高雅為基本印象。
寬長裙	如果是較柔軟的素材，能給人飄逸舒適的優雅印象。
長褲	俐落帥氣的展現。彈性與較挺的素材適於窄管設計，柔軟素材則適合採寬鬆直管落戴飄逸的輕鬆。
毛衣、線衫	單件式或兩件式，強調素雅實為為原則。
襯衫	單穿或搭配套裝，機能性高，領型的變化加上素色與直紋或花色，有極多選擇。

2-3-3 胸衣與服飾的關係

胸衣是隱性的配件，卻影響了女人外在所呈現出來的曲線美，所以「內」、「外」皆美是非常重要的，不能只把焦點放在外衣打扮，對於胸衣的投資、選擇和搭配，更是必需精心研究的課題。胸衣的罩杯可以分為全罩杯、半罩杯、四分之三罩杯等類型，依照個人體型或是不同服裝，可以有不同的選擇，注意的細節如下：

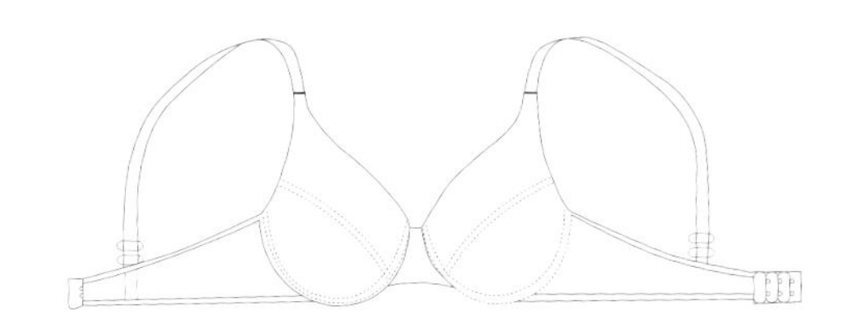

圖 2-2　全罩杯

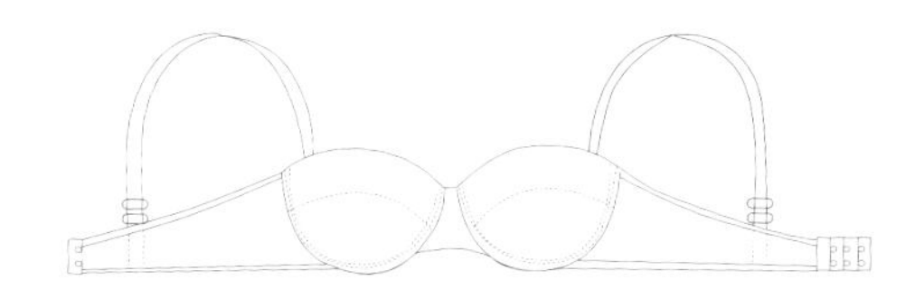

圖 2-3　半罩杯

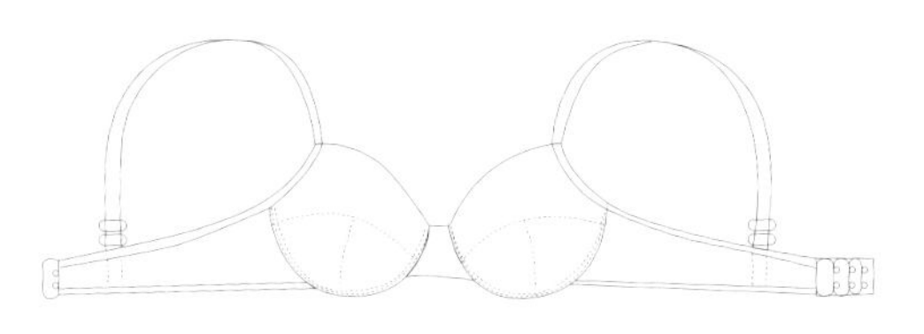

圖 2-4　四分之三罩杯

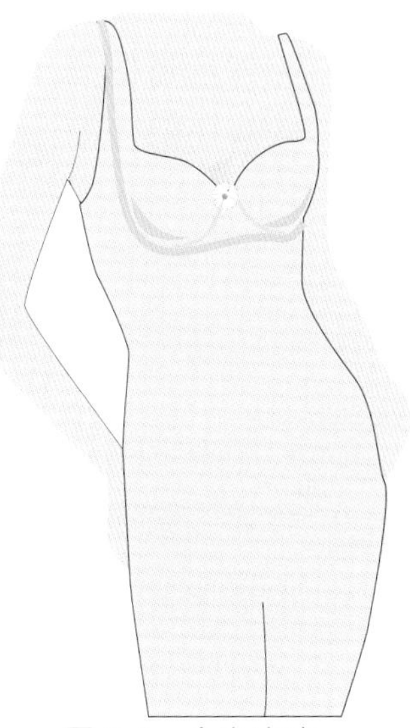

圖 2-5　全身束衣

‧無縫線型胸衣：穿著緊身 T 恤或緊身針織衣物時，請選擇布料平滑的無縫線型胸衣最合適；不但舒適，穿緊身 T 恤時，不會產生不雅的感覺。

‧隱形式的胸罩：透明服飾、露肩服飾或低胸服飾時，可以選擇隱形式的胸罩，它是由兩片矽膠直接黏身穿著，沒有背帶及肩帶的束縛，彷彿是身體的一部分，無論外面穿著何種材質的服飾，都不用擔心內衣的痕跡會露出來。

‧全身束衣：穿著正式禮服和旗袍時，由於非常貼身，因此更需要慎選內衣。例如：身材豐滿的佳人可以選擇全身束衣，它能托高雙乳、也能收緊腹部和臀部，增添女性的撫媚。身材嬌小的人若選擇全身束衣，可以加上內襯，讓妳更添撫媚。

‧另外若選擇無吊帶胸罩，要注意到是否會移位，最好選擇彈力佳，背帶寬的單品，這樣才能穿得舒服又自信。

‧無縫型胸罩：針織杉也就是線衫搭配展現曲線胸衣，因此要選擇能展現自然曲線的或軟鋼絲不加鋼圈的無縫型胸罩，很適合此類服飾。

‧V 字型的胸衣：U 領、V 領上衣宜穿 V 字型的胸衣，夏日穿 U 領或 V 領的衣服時，小心開襟處露出胸罩罩杯的形狀，所以要穿胸衣前端中心是 V 型剪裁較深的胸罩，胸部較小的人則可以穿四分之三罩杯的胸衣，如此看起來較性感。

‧無肩帶胸罩：穿著削肩、斜肩或是背部開口較大的衣服時，唯一的選擇就是無肩帶胸罩，露背裝則可以選擇背部位置設計很低的胸罩，以免穿幫。

除了依服飾的不同選擇胸衣，最好也能依據自己的體型選擇適合的胸罩，不但能展現最佳的體態，更可防止胸部下垂。

表 2-11　胸型與內衣的選擇

胸型	說明
扁平型	罩杯具有豐胸效果，胸部扁平的人，可放入襯墊，使胸部顯的豐滿。另外，也可以穿半罩杯或四分之三罩杯的胸罩來修飾，要避免穿上全罩杯的胸罩。
豐滿型	胸部豐滿的人不適合用鋼絲撐托，有著得天獨厚的曲線，穿上合適的胸罩婀娜多姿，不過，胸部豐滿的人也有隱憂，可得小心預防胸部變形或下垂，需慎選內衣。
下垂型	乳房有下垂現象的人，宜穿有鋼絲或全伸縮性剪裁的胸罩，可以托撐下垂胸部，穿 A 罩杯、B 罩杯尺寸的人，選擇半罩杯或四分之三罩杯的胸罩即可，若是 C 罩杯以上，一定要選擇全罩杯為佳。
胸部外擴型	乳房有外擴的現象，不要掉以輕心，這可能是長期不穿內衣所致，或是挑錯了內衣，無法使胸部集中，而向兩邊發展，最好能穿有鋼絲或四分之三罩杯的胸罩，使乳房集中。

罩杯分為半罩杯、3／4 罩杯和全罩杯，通常半罩杯有把胸部托起的作用，會讓胸部顯得比較豐滿，適合胸部下半部脂肪比較多的人。3／4 罩杯則能將胸部左右兩邊的脂肪往內推，做出完美的乳溝，適合胸部脂肪擴散在兩側的人。至於全罩杯，則提供更好的支撐，適合豐滿的女性。處於青春發育期的女孩就應該根據胸部成長的速度，更換胸罩，以免抑制胸部的發育。

2-3-4 手錶與眼鏡

隨著整體造型的觀念日益被接受，配戴在身上且使用頻繁的手錶與眼鏡，開始在外型與色彩上有了相當豐富的變化，已從完全實用的角度，走向兼具美觀的潮流，逐漸被視為整體造型的一部分。

1. 手錶

現代人擁有多支手錶，用以搭配不同的服裝，已經是件稀鬆平常的事情。大致而言，金屬錶鏈與皮革錶帶材質的手錶，看起來較典雅，也適合在上班時或出席正式的場合配戴；塑膠 PVC 等其他材質的手錶，在造型上多半比較誇張，色彩也較鮮艷，所以適合在休閒時配戴。另從事運動的人，還可以依不同的運動種類，來選擇具有特殊功能的錶款。

圖 2-6　可依服裝的不同搭配不同的造型的手錶

2. 眼鏡

眼鏡的造型變化，主要是以鏡框與材質為主，但是在選購時，仍應該以品質·舒適性與適合自己的臉型為優先考慮的條件。

太陽眼鏡已是日常生活中不能缺少的必需品，其目的已由阻擋陽光和紫外線為前提，轉變為一種流行與時間裝飾，如充滿神祕感的粗框墨鏡、繽紛多彩的膠框眼鏡，或是時尚感十足的金屬框眼鏡，都是改變造型的絕妙道具。太陽眼鏡就如同手錶一樣，配戴者多半會依不同的服裝、場合與臉型，來配戴不同造型的眼鏡。

圖 2-7　選購眼鏡時除了造型以外，也要選擇適合自己的臉型。

(1) 眼鏡與臉型

除了經典款式外，眼鏡會影響人臉部輪廓帶給他人的印象，戴適合的眼鏡，可將輪廓襯托得格外漂亮，故選購鏡框時，需注意鏡框型式和臉型的協調，如：

圖 2-8　選擇適合自己的眼鏡可為造型加分

· 長型臉：可選擇有稜角或看起來較寬的鏡框，都可以產生縮短臉型的視覺效果。

· 圓型臉：適合配戴方形或有角度的粗邊鏡框，可讓臉型看起來較修長。

· 方型臉：可以圓形或橢圓形鏡框來修飾臉部的線修，會讓臉型看起來較柔和。

· 標準臉：任何鏡框都適合，可放心追求流行的款式。

· 菱形臉：對於這種有稜有角的臉型，最適合戴圓形以及橢圓形的眼鏡，緩和臉部較為剛硬的線條。

· 三角型臉：三角形臉的人，往往有較高的額頭以及下巴窄的特點，通常這類型的都很適合飛行員太陽眼鏡，也可以選擇細框的設計，可以幫助臉看起更加修長。

(2) 如何選擇太陽眼鏡

配戴太陽眼鏡的目的，一是隔絕有害的紫外線，二是降低可見光的強度，避免強光影響視覺的品質及造成不適感。依據美國視光學會的建議，好的太陽眼鏡應要隔絕 99 ～ 100%的紫外線，以及 75 ～ 90%的可見光，才足以保護眼睛的健康。關於太陽眼鏡的鏡片選擇，可依下列原則作為考量依據：

(1) 鏡片的顏色最好以灰色、綠色或茶色為主，才能真正有效地杜絕紫外線，且不致於影響視覺。如灰色的鏡片對各波長的吸收率較為均衡，最不會影響到色彩的判斷，在行車時配戴，才不會搞不清是紅燈或綠燈。
(2) 透過咖啡色的鏡片看景物，會帶有橘紅色調，給人一種溫暖的感覺。
(3) 黃色鏡片，可過濾掉有害的藍色光，增加顏色的對比度，常被戶外運動者使用。
(4) 藍色鏡片反而只讓有害的藍光通過，是最不適宜的一種顏色。目前市面上流行的彩色眼鏡，僅有裝飾的作用，並不能隔絕紫外線。

一般建議，太陽眼鏡在戴上之後，外人應該無法見到配戴者的眼睛，這樣的眼鏡才具有足夠阻絕可見光的效果。

圖 2-9　太陽眼鏡的鏡片選擇也是一門學問

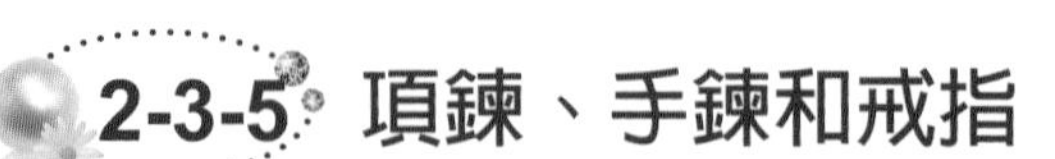

2-3-5 項鍊、手鍊和戒指

項鍊手鍊和戒指，屬於個人化的配件，它也許是長輩給的紀念物、情人送的定情物、自己送給自己的禮物，或是愛不釋手的收藏品。穿著便服時，適時搭配具有個人特色的項鍊或手鍊，是非常美麗浪漫的，但對於上班工作時，記得挑選簡單大方、乾淨俐落的款式，以免減低工作效率。

1.珍珠項鍊

女人在正式場合的配件少不了珍珠項鍊，即使是日常裝束，它也會是稱職的好伴侶。

圖 2-10　珍珠項鍊給人高雅的感覺

散發含蓄潤澤的珍珠項鍊，幾乎適合任何場合，如休閒時，T 恤牛仔褲搭配單顆珍珠墜鍊，有著輕鬆中帶著優雅的感覺；上班時，搭配簡單的單串珍珠項鍊，輕易的就能憑添粉領族的專業信賴感；正式宴會時，任何形式的珍珠項鍊，如單顆、單串、多串、長或短，都能烘托出華貴高雅的氣質。

2.串珠項鍊 / 項圈

最常見的串珠項鍊，通常用透明膠線串連著五顏六色，且帶有透明感的小珠珠，編織出幾何圖形或花朵樣式，展現十足的現代感。而尼泊爾、印度或中國少數民族風情的串珠項鍊，寬度通常會稍微寬一點，再加上繽紛濃豔的色彩，會讓臉龐放射出動人的光芒。

項圈可說是一種帶有致命吸引力的飾品，很適合脖子美麗修長的人配戴，也可將別針別在緞帶上，就是很棒的項圈。另外，皮繩用來和項鍊墜子搭配，亦可呈現民族風，美麗又具創意！

圖 2-11　串珠給人有民族風的感覺

3.寶石項鍊

寶石項鍊在搭配上的困難度較高，不管墜子部分是寶石，或者整條都是寶石編製而成，最簡易搭配方法就是挑選與寶石同色系的衣服，這樣的搭配會讓人看起來高貴典雅，但必須特別注意衣服的色調最好比寶石淡一點或暗一點，是要避免衣服的色調去搶奪寶石的光采。如想戴藍寶石項鍊，這時若穿著鮮豔的寶藍色服裝，那麼藍寶石相形之下便會失去光采，而穿著光澤度較弱的淡藍或深藍色衣服，就會有相得益彰的效果。

圖 2-12　寶石水鑽顯眼閃亮給人華麗感覺

「項鍊的長度」與「墜子的形狀」若選擇得宜，可以達到調和臉部線條與身材特色的目的。首先項鍊墜子的形狀儘量不要和臉型重複，但也不能和臉型極端相反，如圓形臉與方形臉皆應避免圓形與方形的項鍊墜子設計；瓜子臉與菱形臉則要避免「上寬下窄」的墜子設計（如：心形）。

藝術型的人適合設計誇張、有個性的項鍊；典雅型的人適合設計素雅的珍珠項鍊，以及設計簡單的黃金或白金項鍊；休閒型的人適合單顆珍珠、皮繩串簡單墜子、以及設計簡單的黃金或白金的項鍊；浪漫型的人適合所有款式的珍珠項鍊、Y 字型項鍊，及柔美的串珠項鍊。

4. 耳環

耳飾的設計風格是否和氣質相得益彰，一般而言，典雅型適合簡單保守的耳飾；藝術型的耳飾多為誇大的；輕鬆自然型的耳飾不可複雜；浪漫型則可以嘗試任何有浪漫感覺的耳飾，如垂吊式的耳飾等。

圖 2-13　不同造型的耳環營造出不同的感覺

各種臉型耳環選擇祕訣為：

- 圓形臉：適合「直向長於（或等於）橫向」設計的耳環，如長形、水滴形、長棉圓形、菱形等，可以平衡臉部線條。
- 方形臉：適合有弧度的設計，如長攏圓形、圓圈形耳環、花瓣形等。多一點曲線或弧形的設計，陽剛氣息就會被調和得更柔美、更有女人味。
- 三角形臉：適合圓形、長攏圓形、驚嘆號形、較長的心形、弦月形等，最能展現嬌媚的風采。

每個女人應該至少都要擁有一對「晚宴型」耳環。不管穿著何種樣式的外出服，只要戴上晚宴型耳環，整體造型就立刻變得很有「晚宴感」。選購時，只要是適合皮膚色彩屬性、臉型、風格和身材比例的，不妨在所能接受的最大範圍內，挑一對夠大、夠長、夠亮麗的耳環，為晚宴造型增添更多驚豔之美！

5. 戒指

戒指代表著權力、誓約，圈在手上散發出無形的能量。有些女人會把戒指作重點配件，來展現女人的自信、個性之美。戒指是一種戴在手指上的裝飾珠寶，女性和男性皆可佩戴，材料可以是金屬、寶石、塑料、木或骨質。

從古至今，戒指被認為是愛情的信物，尤其戴在無名指上的戒指被認為是結婚戒指，關於結婚戒指戴在右手的無名指的國家和地域就愈來愈少了。而在很多地區戴在左手食指上被認為求愛，中指則表示熱戀中，小拇指表示暫不戀愛或終身單身。在古羅馬，戒指是作為印章，是權利的象徵。

圖 2-14

2-3-6 帽子

女性在選擇帽子方面，應考慮配合服裝，如果帽子和服裝不調和，則帽子的魅力作用會大打折扣。各種服裝相配的帽子有：騎馬帽、提洛爾式登山帽、狩獵帽、旅行帽、運動帽等。而女性使用的各種帽子，特別注意其裝飾，如羽飾、細金箔飾、金銀線飾等。製作女性帽子的材料，追求高級華美，緞子花飾、絲絨、天鵝絨、金屬絲織品、毛氈等，是製作高級女帽常採用的材料。

圖 2-15　金銀線飾

圖 2-16　緞子花飾

圖 2-17

需注意帽子的材料、色彩是否和服飾協調，如毛氈帽子能配的衣服，範圍是較廣的，可適合寒冷天外出，與大衣、套裝、一套頭相配戴，若毛氈帽子上裝飾羽毛、面紗、緞帶、人造花或飾針等小物件，可使帽子增添華美。

圖 2-18　毛氈帽子上裝飾蝴蝶結

圖 2-19　毛氈帽子上裝飾緞帶增添典雅

毛皮和皮革帽子在寒冷天戴，其防寒作用是不用多講的。而如果戴這樣的帽子，穿毛皮、皮革大衣，用不著穿太多的衣服，苗條的身材仍可展示。蘇格蘭呢、皮革、開士米、粗毛呢等材質的外衣，與貂皮帽配搭，可謂相得益彰。

圖 2-20

帽子的色彩應與服裝整體的配色相調和。帽子與外套、帽子與裙子應該在色彩上配得來，如果是印花的衣料，選擇其中的一種色彩為重點與帽子的色彩結合考慮。

圖 2-21

另外，頭的大小、頭型、髮型、臉型等，都是在戴帽子時必須注意的地方，可結合帽子的款式、帽頂的高低、帽緣的寬窄進行考慮，看看是否協調。

2-3-7 包包

在講究服裝「整體美」的今天，所講求的不再只侷限於服裝本身，甚至於服裝有關的各種配件、飾物，也愈來愈受重視。不管是上班、上課，還是出外逛街，女性們都少不了要背著包包出門，它在現代服飾的搭配上，具有畫龍點睛的妙用，更重要的是，可以依不同的時間、年齡、身分、場合，而加以變換，被稱為「服飾之后」。選購包包時，最好以實用性為優先考慮因素，再來才是選擇是否具有「流行感」。

製作包包的材質很多，各種皮革與合成素材都是相當不錯的選擇，一個兼具實用性與質感的包包，往往可以用上許多年。到底應該準備幾個包包才夠？答案是最少應該要有可以搭配正式衣服與休閒時所使用的包包。包包的款式雖是千變萬化、年有創新，但就外型和用途來說，可大致區分為：

表 2-12　包包的款式

項目	說明
單肩包 	這是最傳統型的包包，每個女性都少不了它。單肩包的造型有許多種，應根據使用的功能與搭配性來加以選擇。肩掛式皮包是最輕盈、方便的一種，不論是外出、搭公車、訪友、上街購物，把皮包往肩頭一掛，十分帥氣、有精神，況且用了肩掛式皮包，還可空出兩手拿東西，甚是實用。
雙肩包 	以往雙肩包，都會與運動休閒聯想在一塊兒，但是目前許多品牌都陸續推出多款造型秀氣的雙肩包。由於採用雙肩背法，將包包的重量分散在雙肩上，所以肩膀和背部比較不易感到痠痛，而且可多空出兩隻手來提東西或做其他的事，因此雙肩包也受到不少女性的喜愛。
公事包 	一個好的公事包，不但可以清楚的收納各種文件與資料，而且還可以幫助使用者建立起專業的工作形象。

項目	說明
手拿式 	一般說來，手拿式包包會營造出典雅端莊的氣氛，與雅緻的淑女裝或是宴會禮服搭配，會展現一股耐人尋味的高貴感。
手提式 	這款包包的特色是提帶較短，適合用手提，通常它的附屬夾層較多，是職業婦女或學生的愛好型式之一。
赴宴用 	體積較小，材質多以緞、珠片、絲絨、水鑽、鋁片為主，而顏色除了金、銀外，黑色也是最容易和服裝搭配運用。
上班用 	可選擇容量較大、質地堅固、顏色較趨向「中性調子」款式。
郊遊用 	要選擇體積大、重量輕的款式，質料以麻、草繩、椰子皮及帆布為佳。

包包的選購：
首先要考慮的是使用的目的，赴宴用的、上班用的、還是郊遊用的？
選擇的要素可先審視包包的做工、拉鏈是否牢固？襯裡是否平坦？有無褪色情形？

2-3-8 腰帶

腰帶在配件當中通常是比較不被重視，但卻是搭配彈性最大的配件。選對腰帶，不但穿著更有型，也能增加不少穿著的樂趣，好的腰帶可讓整件服裝的質感因而提升，好的搭配則讓整體造型看起來更加分。可依工作性質選擇腰帶：工作環境比較傳統保守必須表現出專業度，以贏得客戶的信任，「中性色」的「細腰帶」（寬約 2.5 ～ 4cm） 是很理想的選擇。因為它們不管是顏色或款式都很容易和衣服做搭配，如白襯衫＋銀色腰鍊＋黑色及膝裙，在典雅中帶著些許流行感，更能彰顯出服飾的不凡價值。

工作環境比較自由，工作性質較著重創意，便可多利用較具有設計感的腰帶來點亮出專業品味。

圖 2-22

2-3-9 胸針與胸花

1. 胸針

胸針是一款可以裝飾全身，且輕便的首飾，不僅種類、款式、材質繁多，就連佩戴方法都千變萬化。適當得體的小胸針可讓人綻放誘惑的極致光芒。

圖 2-121

可依照不同臉型，穿戴不同胸針：

· 方形臉以「直向長於橫向」為原則，可以選擇長橢圓形、弦月形、S 形、單片花瓣形、新葉形，避免線條太過於尖銳或陽剛的胸針。

· 長形臉最好不要佩戴細長、瘦長形的胸針，比較理想的選擇還是以「圓形、月形、扇形等線條比例較為平衡、或偏橫向設計」的胸針為主，才能為整體造型增添魅力。

· 三角形臉選擇「長形」或「曲線柔和」的胸針，特別是金、銀等金屬材質，可鍛造出各種線條流暢的造型，避免角度銳利、剛硬，造成下顎變寬的胸針。

· 菱形臉選擇胸針的原則是以水滴形、栗子形、葫蘆形、鬱金香等為主，因此種型態都是平衡臉型的理想設計，而太尖的胸針會相對的讓額頭和下顎顯得尖削。

· 圓形臉避免圓滾滾素材與圓形胸針，一般而言，胸針的形狀不能過於圓巧，會讓臉型看起來更為豐腴，應選擇造型線條較為活潑的設計。

· 鵝蛋臉臉部線條比例均襯，因此在胸針的選擇有非常寬廣的空間。在佩戴胸針時，需考量整體造型，以皮膚色彩屬性、身材特色、個人風格、服裝款式與色彩等元素為重點。

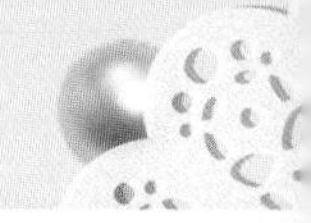

表 2-13　胸針搭配原則

項目	搭配說明
穿硬挺厚實的西裝	可選擇體積大一些的胸針，材質儘量選擇硬質金屬外殼的胸針，色彩要純正。
穿襯衫或薄羊毛衫時	可以佩戴款式新穎別緻，同時體積小巧玲瓏的胸針。
線條不對稱、不規則的服裝	如果將胸針別在正中部位，在視覺上可起到平衡的作用。
西服套裝的領子邊	若在西服套裝的領子邊上別一枚帶墜子的胸針，則令莊重之中增添幾絲活躍的動感。
服裝色彩較簡單	如果服裝色彩較簡單，可以佩戴有花飾的胸針，這樣照樣能夠讓在高貴與端莊中顯出獨特的風采。
上衣是多色彩的	如果上衣是多色彩的，下身是較為深色的裙或褲，那麼在這個時候就要在多色彩的上衣佩戴同下身一樣顏色的胸針。
注意事項 胸針的造型不一，複雜、簡單各有特色，裝飾味極其濃厚。若穿著半高領的休閒服，切忌款式繁複的胸針，可佩戴造型簡單的胸針，會洋溢著一種青春浪漫的氣息。 當身著高級布料的禮服時，則不宜搭配用塑膠、玻璃、陶瓷為材料製成的胸針，因為這種胸針與高雅華麗的服裝極不協調，會給人一種品位不高的感覺。 少女在選擇胸針時，最好以別緻型、趣味型為佳，在材料上不必要追求高檔的金銀珠寶。	

2. 胸花

花飾是一種非常特殊的時尚配件，源自於大自然繽紛美麗的意象，每一種花飾都能創造出不同的感覺與風格，花飾繁花似錦，信手拈來就很美麗，讓女人時而優雅嬌柔、時而燦爛動人；而花飾可妝點的地方非常多，是用途極廣的時尚配件。如美麗的山茶花，可當項圈、胸花的形式，也可繫於手腕，各有風情，帶來不同的搭配樂趣；宴會場、演講或致詞的時候，亦可戴鮮花營造氣氛。配戴胸花大小要適中，位置要正確，否則反而會破壞整體服飾的線條與美感，建議胸花可以戴高一點，若搭配套裝可以別在胸部最高點至肩膀之間的位置，看起來會更有精神。

表 2-14　胸花搭配方法

服裝	搭配方法
套裝或是洋裝 	套裝或是洋裝選擇跟衣服顏色反差不要太大的胸花，會讓看起來俐落洗練又不失柔美。
對比色的胸花 	若配上對比色的胸花，則看來有個性、充滿時尚感。例如：白色百合搭配白色洋裝，就能看來高雅脫俗，充滿靈性與智慧。
淡褐色山茶花 	淡褐色山茶花別在咖啡色毛呢大衣上，讓人看起來沈穩內斂，值得信任。
粉紅色的胸花 	粉紅色的胸花 和黑色套裝相配，則以強烈對比視覺效果取勝，神祕魅力中透露著一股不可抗拒的熱情。

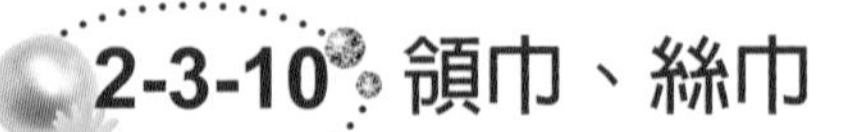

2-3-10 領巾、絲巾

除了實用保暖的功能外，利用不同的領巾配件，來搭配出適合各種場合的穿著，也可創造出不同的造型，使整體造型更加出色。由此可知它不單只是一塊漂亮的布，靈活運用各種不同的領巾打結法，更能充分展示女性的魅力，並成為衣服裝飾中非常重要的元素，發揮畫龍點睛的作用。領巾還可隨著個人、衣服及場合搭配，呈現多變的風貌，使女性顯得風情萬種。其中更以使用場合、搭配技巧以及臉型、衣領為重點，提供整體造形需要注意的事項。

領巾的花樣從素面到圖案形均有其特色，使用時要適當表達該領巾的特性，呈現整體的搭配。領巾的選購要領如下：

配合 TPO（時間、地點、場合）：如宴會、上班、約會或休閒。

- 考慮要搭配的服裝和領型：如方領、圓領、V 領、襯衫領、西裝領外套領等。
- 考慮領巾尺寸大小：適合絲巾大小或形狀（大型、小型、長型）理想打法，就能在服裝造型的搭配上顯得更加多元化。
- 選擇適當的素材：用於哪個部位（如領、肩、胸等），不同部位必須注意材質，如絲、絹、棉、毛、化纖等有不同的塑造性，不管是天然或人造，雪紡紗是一種很好的領巾材質，輕薄、垂性、塑造性高及容易營造出雅緻的造形。

以下為領巾的保養方法要注意的細節：

- 定期的清洗是保養領巾最佳的清潔方式，無論是汙垢或斑點，一般來講，乾洗皆能洗淨。
- 放置通風的地方，無論清潔與否，讓領巾保持較乾的氣溫，較不易出現黴菌或斑垢，特別是未清洗的領巾。

・折疊存放以避免起皺，可用吊掛或折疊來存放，若起皺則用熨斗輕輕燙過即可，最適合的溫度是 140 ～ 180 度之間。

・避免直接沾染化學物質，，以免領巾變黃、變黑，如香水、化妝品，最易直接沾染在領巾上，若清洗時未能澈底清除，則易產生化學作用。

絲巾的形狀與尺寸

絲巾主要有正方形和長方形兩種，尺寸大小則有許多種類。絲巾形狀不同，繫法也各有不同，佩戴後看起來的感覺也大不同。正方形的尺寸，主要分為兩類，為 53cm×53cm 的小方巾和 88cm×88cm 的大方巾。其他尺寸功能如下：

表 2-14　絲巾種類

形　狀	尺寸
	38cm ～ 60cm，可繫於頸項或當成髮帶。
	68cm ～ 75cm，可作腰帶、領巾、髮帶。
	70 ～ 90cm，使用最廣可以綁出多種造型，此種類型最實用也最受歡迎。

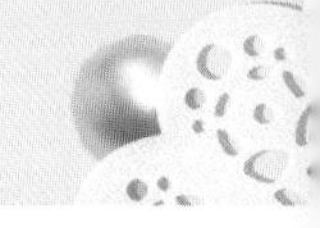

形 狀	尺寸
	90cm ～ 115cm，最適合作髮束與披肩。
	135cm ～ 150cm，邊長 140cm 超大方巾，可當披肩、圍裙或罩衫。
	80×200cm，為大款的長方形絲巾，不但能綁出多種造型，而且有防寒保暖之用，因此也是愛美的女性不可或缺的飾品。

2-3-11 鞋子

最好的鞋子是可以達到一定的美觀標準、合宜的搭配服裝，又可以保護雙腳。在整體造型中，鞋子同樣是不可忽視的重要一環，配合不同的穿著，要搭配不同的鞋子，它會影響整體造型的成敗。鞋子的款式每季有不同的流行重點，但是在購買時，除了款式與搭配性外，也要注重其穿著的舒適性、能支撐整個身體的重量及保護雙腳，不會造成雙腳的負擔。

針對各種場合選擇合適的鞋，運動時要穿著運動鞋；逛街時以輕便舒適為主；高跟鞋則適合較正式的場合。依不同鞋款與功能大致可分為：

表 2-15　鞋子的款式

鞋　款	功　　能
中低跟皮鞋 	這是搭配上班服的最好選擇。此種高度的鞋子穿起來，最不容易讓雙腳感到疲勞。一般而言，低跟鞋指的是鞋跟為平底至 1 吋高左右，而中跟鞋指的則是 2 吋高左右的鞋子。
高跟鞋 	鞋跟高於 2.5 吋以上的鞋子，就可以稱之為高跟鞋。穿著高跟鞋的女性，不管鞋跟的粗細為何，總是容易被視為性感的表現。
靴子 	一般分為長筒靴、中筒靴和短筒靴，適合與牛仔褲、腳蹬褲這類樣式緊瘦的褲子搭配，不宜與西褲、寬筒褲搭配。另外，裝飾較多且時髦的高筒靴只適合個高腿長的女性；對於腿型好看者，短裙搭配中筒靴最為瀟脫，而短筒靴對中年女性及職業女性尤為適合，不論穿裙子還是褲子，短筒靴都顯得較穩重成熟。
涼鞋 	涼鞋的特性，須注重舒適、樣式和品質三要件，三要件均需具備，缺一不可，尤以舒適為第一優先。目前的涼鞋款式很多，有適合上班穿的，也有適合休閒時穿的，不同款式的涼鞋可以營造出不同的感覺，可性感、俏麗、優雅、活潑，端看如何選購搭配。
運動鞋 	為從事運動時所穿的鞋子，但需根據不同的運動需求，選擇功能不同的運動鞋款，要依自已經常從事的運動來選擇適合的運動鞋，若無固定的運動項目，則不妨選擇具多功能的運動鞋。

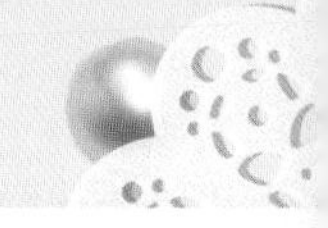

鞋　　款	功　　　　能
休閒鞋 	休閒鞋的款式有愈來愈活潑與多樣化傾向，舉凡帆布鞋、滑板鞋、帆船鞋等各式各樣適合從事休閒活動的鞋子，都受到普遍的歡迎，而有些設計較優雅的休閒鞋，甚至還可以拿來搭配上班服，在工作時穿。
厚底女鞋 	厚底女鞋看上去又厚又笨又重，但此鞋優點可以幫助女性獲得高度，厚底鞋若搭配得當，可穿出別具一格的美感來，但對於身材嬌小的人若穿上厚底鞋，會使原來的玲瓏，纖巧、細弱的美感蕩然無存。
輕盈便鞋 	圓頭或小方頭的便裝皮鞋舒適清朗，一般由、小牛皮、磨砂皮等質料製成。如果崇尚潮流，又不想失去淑女風範，它將是最佳的選擇。

要如何挑選一雙好的鞋子？其注意事項有：

1. 試穿要檢查鞋子的長度與寬度是否與腳合適、是否好走。
2. 利用落地鏡仔細查看與自己的腿型是否搭配。
3. 買鞋的時間最好選在傍晚，因傍晚的腳最易腫脹，較能選擇出適合的鞋子。
4. 鞋跟不可過高及太細（超過 5 公分即會增加腳趾頭的負荷）。
5. 鞋頭不可太尖，以免壓迫腳趾。
6. 留意腳尖到鞋尖間要有 1 公分左右空隙，鞋寬與腳寬相符，腳跟、腳尖不可超出鞋緣。
7. 在追求流行時髦的同時，亦必須兼顧到健康。

2-3-12 香水

對於時尚設計師而言，香水絕對是整體造型中不可或缺的一環。香水雖然看不見，卻也令人忘不掉，至今已成為「隱形配件」，女人的美麗必須是整體來看，美麗的服飾，也需要一瓶精緻的香水相得益彰。對於服裝設計師而言，藉由香水與時裝共舞，更能增添光彩；對於精品品牌而言，香水則成為完美傳達品牌奢華形象的最佳代言。不可否認，時尚設計師都鍾愛香水，從過去到現在，設計師們都認為香水是女性最重要的配件，可以將一個女人的真實個性、內在與外表裝束完美聯結，如同過去迪奧先生曾說：「香水，比女人本身還能突顯他們的個性，顯露出自我。」而當今許多著名服裝設計師也認為，香味可以是一個女人的表徵，也代表了品味與格調，他們深信，香水在這層面的功能甚至更勝於其他的時尚。

表 2-16　香水的種類

香水的等級	濃　度	持續時間	特　徵
香精	15～30%	5～7 小時	香料的純度最高，持續時間長，通常以沾取式的設計為主，少量使用在手腕及頸部，就能夠有很持久的表現。
淡香精	10～15%	5 小時左右	淡香精的持久度表現會比淡香水來得理想，在工作場合或活動的環境，淡香精會是最佳的選擇。

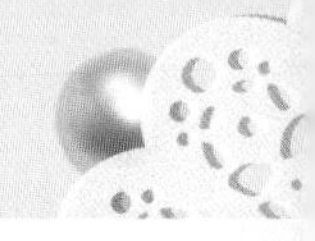

香水的等級	濃　度	持續時間	特　徵
淡香水 	5～10%	3～4 小時	淡香水的酒精比例較高，較容易揮發，通常清晨使用後，在中午休息時間可以再補噴，微微的氣息可以持續到下午，適合喜歡清爽的人。
古龍水 	3～5%	1～2 小時	古龍水多半以清爽的柑橘調居多，適合用在運動後、洗澡之後，或者想要轉換心情及恢復精神的時候使用。

色彩與造型設計

3-1　配色知覺

3-2　色彩與季節

3-3　造型與色彩

3-4　個人色彩判斷與整體配色

3-5　色彩意象與造型

3-6　時間、地點、場合 (TPO) 的配色

3-1 配色知覺

色彩在服裝的世界裡是一種神奇有趣的酵素，透過視覺感官，它可以傳達出精神上的意念訊息。色彩除了能顯露出服裝的表情，還可以創造豐富的想像空間：看見湛藍會想到遼闊無際的海洋；看見米褐會想到秋天飄零的落葉；看見淡紫色便會想到戀愛時的羅曼蒂克。由此可知色彩能表現出明確的服裝語彙且激發人類無限的視覺想法。

色彩除了直接給予視覺感官上的刺激，如果善用色彩，製造視線的錯覺，還可以修飾身材上的缺陷，如深暗的顏色通常會使我們看起來較為瘦小，而穿了色調明亮的衣服，則會使我們顯得膨大。由此可知，在服裝穿著搭配的世界裡，色彩是極具力量的要素。

表 3-1　色彩感覺

色　彩	顏色	色彩感覺
紅色		是一個相當強烈的色彩，代表熱情與性感，也象徵著某種程度的自信心，但有時穿著太過刺眼的紅色，反而會令人產生些許反感，所以最好能與其它顏色做搭配。
粉紅色		看到粉紅色，會讓人馬上聯想到小女孩的清純與天真無邪的笑臉，這是一個會讓人感覺到輕鬆並散發著青春的色彩。喜歡粉紅色衣服的人，多半有著少女般的夢幻情懷。
黃色		象徵著如陽光般閃耀的黃色，屬於三原色之一，是個非常醒目的顏色。黃色會帶給人一種明亮的感覺，而喜歡穿著黃色系衣服的人，表示其個性樂觀開朗，是個陽光型的人。
橘色		由紅色與黃色調和出來的橘色，給人一種大膽又親切的感覺，就好像是冒險家一般。喜歡穿橘色衣服的人，多半比較活潑、率真，而且不在乎別人的眼光。
黑色		不管任何場合都適用的黑色，是一個非常安全的顏色，也是每個人衣櫥都少不了的顏色。黑色代表的可以是沉穩也可以是神祕，還有一點不想引人注意的味道。
灰色		混合黑與白的灰色調，象徵著一個人的品味與權力，是一個看起來頗為高級的顏色，有很多藝術家與知識份子，都對灰色情有獨鍾。喜歡穿灰色衣服的人，代表他喜歡追求智慧。
白色		潔淨的白色很容易讓人聯想到無暇、脫俗，有著一對翅膀的小天使。喜歡穿白色衣服的人，表示其心中藏有一顆天真的赤子之心，另一方面，卻也顯示出個性中追求完美的那一部分。
天藍色		向天空一樣的藍色，會讓人感覺很輕鬆。而與穿天藍色衣服的人相處，絲毫沒有任何的壓力，但是在其心理，卻有一絲絲孤單的感受，渴望一種單純的自由。
深藍色		很容易讓人聯想到「保守」一詞的色彩，是參加會議時的好選擇。不但看起來端莊，也不會給人咄咄逼人的感覺，比較容易贏得他人的信賴，不過若是在講求創意的場合中，則略顯得保守。
紫色		在古代，紫色屬於皇室專屬的色彩，它代表高貴的權力象徵。而在現代，穿紫色衣服的人，依然會給人一種高不可攀的高貴神秘感。此外，紫色也很容易讓人和性聯想在一塊兒。
綠色		屬於大自然調的一種，像植物一般，予人一種具有生命力、充滿朝氣的印象。不過由於綠色較難與膚色搭配，除非是皮膚白皙的人，否則還是不要輕易嘗試。

色　彩	顏色	色彩感覺
咖啡色		與綠色同屬於大自然調的咖啡色，有一種安定、溫暖的特質。喜歡穿咖啡色衣服的人，基本上是個有親和力，而且非常樂於幫助他人，容易取得旁人的信賴。

穿對了加分的色彩：臉色會看起來很健康，而且有精神。會掩飾身材上有缺陷的部位。整體感協調，看起來很對眼。

穿到了錯誤的色彩：臉色看起來不佳，顯得有點暗沉或蒼白。把該隱藏的缺點反而暴露出來。看起來變老氣了。

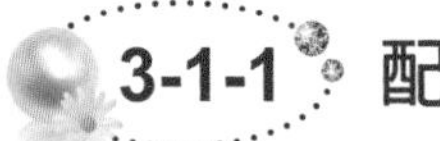

3-1-1 配色與素材的關係

在服裝設計上，如何利用原有的材質特性，發揮出最佳的搭配效果，即以最簡單、最節省的手法表現出各種素材本身的美感，是很重要的。

搭配時必須考慮到服裝與素材彼此間的關係，不僅在色彩方面，連剪裁的形態、外型、位置、質料等比例在內，也都是必須詳加考慮的，例如綿質、麻質、毛、絹、化合纖維、花紋圖案、毛皮、塑膠及銅、鐵、金、銀、寶石等飾品，每一種材料都有他們固有的原始性格，把這些不同性格的東西組合起來，自然會產生許多額外的造形效果。同樣一種色彩表面的性質不同，不但明度或彩度感覺會不同，甚至於連色相有時都會有變化。以同樣的紅色素織染在絹布上及毛呢上就有很大的差別，織染於絹上的紅色，色彩較為鮮亮，而織染在毛呢上則呈現較為沉穩的色調，可見色相雖沒有什麼影響，然而，對明度和彩度卻有極大的左右力量。

3-1-2 配色與形體的關係

色彩的存在是和形狀同時發生的現象。當色彩實際應用於造型搭配時，色彩表面的特質與形必須同時做整體性的考量。在選擇服裝的色彩組合時，一定要在形體的本質上去瞭解才算理想，因為形體有胖瘦高矮，因此會有差異。

服裝形態的取決，不僅受到色彩影響，也受到服裝的外型線條及剪裁技巧的影響，因此配色時也就必須牽就衣服上的剪接線來做妥適的安排。也就是說，形體與色彩搭配在空間上是屬於一種立體的東西，若服裝搭配只單純以紙上的平面搭配圖來表示，與實際會有很大的差異。

3-1-3 配色與面積的關係

配色與面積的關係從色彩感覺的心理因素來觀察，即使是同樣的配色，不同的面積亦會帶來不同的感受。明度和彩度將會因面積變大而增強，亦因面積縮小而減弱，這是純粹在心理上的視覺作用，實際上明度與彩度並無增減。

另外，當面積沒有變化而形狀有所不同時，色彩也會隨外形的變化，而產生不同的感覺。假使配色時能夠注意到這些問題，將形狀和色彩的共同感覺做適當的調配，則配色效果會更好。

從顏色的選擇可以推測出這個人的個性，大致上來說，喜歡用鮮艷或強烈對比的人，生活大多過得較為開朗豪放，而選擇深色的人較為沉著隱重，不管顏色如何搭配，選擇出適合自己的顏色，並達到宜人適地的要求才是整體造型的重點。當我們面對五彩繽紛的服裝色彩時，絕對不能六神無主，任憑店員的訊息，而急著購買衣服，須視目的與需求，配合自己的形象選購最合宜的色彩與款式。

3-2 色彩與季節

每種色彩所給予人們的不同感受，就像是一年裡的四個季節，會有不一樣的氣候和氛圍，其實色彩與季節也有某種程度的關聯。就像是在冬天，我們習慣穿著顏色較深的衣服；而在夏季，我們就會選擇色調明亮的服飾，這是因為深色會給人溫暖的感覺，而明度高的色彩給人像夏天一樣的繽紛感。

3-2-1 春天的色彩

春天象徵一個嶄新的開始，粉嫩如鮮花般的色彩在春天裡翩翩起舞。結束了冬天的蕭瑟與寒冷，春天的來臨一向帶給萬物許多喜悅，一切彷彿都從靜謐中緩緩復甦，就像和煦的春風般。適合春天的色彩，如粉綠、鵝黃、粉藍、淡橘、米白、駱駝色等。由於春天的色彩較粉嫩，對於膚色較黑的朋友來說，在搭配上最好能選擇與膚色協調的色彩，以免讓自己看起來沒有精神。

色彩與搭配

1. 春天，百花綻放，因此不妨選擇些花朵圖樣的印花洋裝，對於樣式的挑選要小心，以免流於俗氣。

2. 春天的氣候不穩，因此在穿著上，最好以多層次的穿著為主（例如兩件式羊毛衫），才能保護自己在多變天氣中，不容易受到風寒。

3. 想穿出春天的感覺，並不代表全身都得穿得很粉嫩，運用深淺的搭配，將粉嫩的色彩強調在某一部分即可，就可以營造出春天的味道。如花圖案洋裝或襯衫圖案色彩有紅＋黃＋藍＋綠色為中高彩度時，可強調以高明度或粉色調小外套搭配。如(粉紅＋柔黃＋淺藍色＋淺綠色)。

3-2-2 夏天的色彩

夏季是充滿歡樂、趣味、輕鬆以及陽光的時節，因此在色彩的選擇上，多以鮮豔明亮的色系為主。諸如天藍、淺綠、粉紫、桃紅等，雖然夏天的色彩十分清爽，但是對於體型較大、體重不輕的女性來說，穿著明亮膨脹色調要格外注意，簡單合宜的款式、細直條或碎小的圖案為較佳的選擇。

色彩與搭配

1. 夏季的服飾多為色彩鮮明亮麗的 (像是水果色系)，所以在款式及圖案上，最好以簡單為原則，避免過多的顏色和複雜的花樣出現在身上。

2. 由於夏日炎熱容易出汗，在材質上應挑選吸汗透氣的天然布料，像是純棉、麻料、絲質的恤衫都十分涼爽，兼顧健康與舒適。

3. 下半身可穿上牛仔褲或是短裙、短褲，基本上來說夏天的衣著應盡量輕便清爽。

4. 在穿著搭配上，謹記身上不要超過三個顏色、上半身與下半身部同時出現圖案花紋。

3-2-3 秋天的色彩

臺灣的秋天依然有著濃濃夏季味道，秋老虎趾高氣昂，常會讓人忘了身處在秋天，不過換個場景，離開城市到山裡頭瞧一瞧，誠實的大自然早已換上秋天的色彩。屬於秋天的色彩，以大自然色調為主，例如橄欖綠、棗紅、咖啡、深紫、藍綠色等等，有一種溫暖的感覺，而且這些也是容易讓人親近的色彩，雖然明亮度要比夏季的色彩低了許多，但在色彩上的變化性依舊多樣，在搭配上也屬於易搭配的色彩。

色彩與搭配

1. 與秋天色彩搭配的飾品最好以質感較佳的飾品為主(如珍珠、金色項鍊等)，看起來會顯的更有氣質。

2. 像土耳其玉般的藍綠色並不適合運用在套裝的穿著上，因為看起來會顯的有些沉悶，但是若運用在洋裝、晚禮服上就會有一種貴族般的高貴效果。

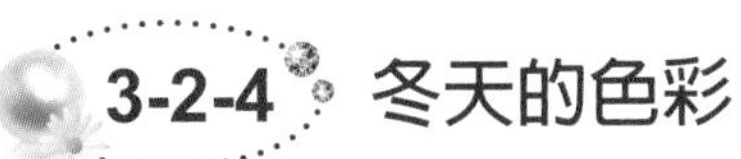

3-2-4 冬天的色彩

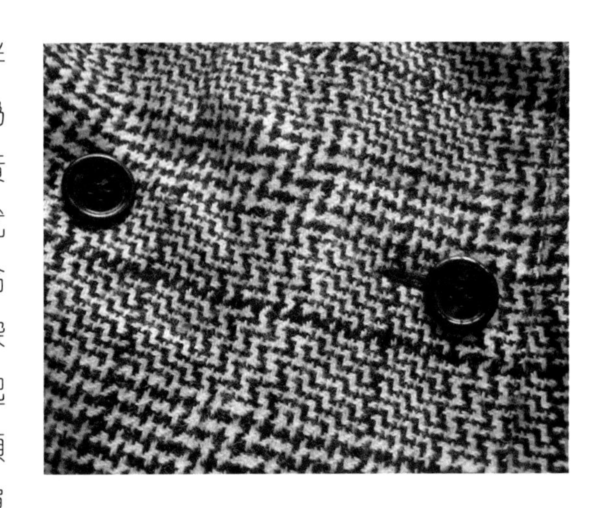

像大地般的色彩與灰色基調，陪伴著度過冷冷冬天。冬天給人的印象多為蕭瑟寒冷，所以象徵當季的色彩為土黃的大地色系、以及灰調的金屬色系。就顏色而言，土黃、褐色能緩和冬天陰冷的感覺，增添些許的溫暖與友善；而深淺不一的霧灰色調，能使得穿著者看起來値得信賴、較具有權威感。這兩種顏色都是屬於當季經典的顏色，如果嫌單色過於乏味，可以選擇格子圖紋 (如千鳥格) 或別緻的表面織法 (例如麻花狀) 來豐富視覺，尤其是灰色調，穿著時要注意色彩與款式的挑選，應避免看起來無精打彩。不過，冬天衣著除了色彩的選擇外，質料的保暖與否當然是最要緊的考量。

色彩與搭配

1. 咖啡色系與灰色系的服裝都算是容易搭配的色彩。
2. 咖啡色能與黃褐色、紅褐色、卡其色互相搭配。
3. 灰色可搭配白色、紫色、暗紅、淺藍、黑色。

表 3-2　不同季節服裝色彩與搭配

春季	選擇駝色時應為淺駝色，與淺水藍色相配為最佳。在用色時一定要以淺淡、輕柔、明亮為主。淺鮭肉色是最柔美的顏色，桃粉色可表現女性的溫柔，建議多使用。淺肉色是最柔美的顏色，桃粉色可表現女性的溫柔，建議多使用。桔色系列和淺水藍色、淺鮭肉色、淺駝色以及象牙白色相配效果較好。桔色系列和淺水藍色、淺肉色、淺駝色以及象牙白色相配效果較好。
夏季	穿著顏色以輕柔淡雅為宜，最佳色彩為藍、紫色調，不適合有光澤、沉重、純正的顏色，藍色和藍灰色非常高雅，不同深的灰色和灰色與不同深的紫色及粉色搭配最佳。不同深淺的灰藍色和藍灰色與不同深淺的紫色及粉色搭配最佳。夏季型人的白色是柔和的乳白色，可做夏天的套裝或與其它色相配。
秋季	在秋天可以說是回歸大自然的最好著裝，以金色為主總體色彩較渾厚可以選擇色彩群中的藍色系列、紅色系列、綠色系列裡偏中度的顏色，棕色、褐紅色、森林綠、深金橙色、芥末黃等顏色運用對比搭配。以具有成熟、華貴感的濃郁色調為最佳選擇。
冬季	純正、最飽和、最深、最豔的顏色在冬天裡大膽使用，並且運用對比色烘托個性。藏藍色適合冬季做毛衣、襯衫，深紫紅色、酒紅色非常適合做套裝。

3-3 造型與色彩

要探討如何造型與顏色應用必須先了解個人的特質，才能選出適合自己的搭配方式。

1. 選擇適合自己的服裝色彩，每一個人氣質不同、性格不同，所表現外在的感覺亦不同。認識自己的身材與氣質上的優缺點，才能找出適合自己的服裝。在確認本身的形象之後，就可先找出以這個特質為中心的主導色，然後再想像主導色搭配其他顏色時會產生何種效果，以此日積月累的不斷練習，色彩感就會愈來愈敏銳，進而培養出高超的用色品味，並牢牢記住搭配效果最佳的幾組色彩，以便隨時運用於裝扮上。

2. 選定主色確立了適合自己條件、身份、職業的形象：要先選定一、兩個最能代表自己形象的主色彩，這樣不僅對自己氣質的表達相得益彰，更可以在選擇飾品、化妝品上節省許多時間，此外，當我們上街購買衣服時，也不妨訓練自己的鑑賞力，因為在我們親眼目睹許多色彩組合搭配之後，原本模糊不清的概念往往會立刻明晰起來。服飾店或百貨公司中的服裝，都是經過設計師精心的設計，對色彩搭配、組合也較為精練，對其中「美」的搭配、組合方式，不妨從中找尋啓示，以作為個人選擇基礎色調的參考。

3. 選配附屬品

   在我們選定了主色與副色之後，便是考慮選擇「強調色」，以求畫龍點睛之妙。強調色通常是用在裝飾手帕、別針、項鍊、耳環、戒指、手錶、皮包、皮帶、鞋子等裝飾品或服裝配件上。完美的打扮如果忽略了強調色，效果就會打折扣，雖然是一些不起眼的小飾品，但只要運用得當，往往能夠產生神奇效果，將整體服裝點綴得栩栩如生、耀眼生輝。強調色應視附屬裝飾品的顏色來決定，如果主、副色屬同一色系，則強調色選擇同一色系的顏色，可達統一的效果；反之，若選不同色系的顏色來搭配，亦有突出醒目的功效。

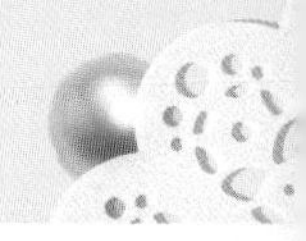

在金屬飾品中，又分為二大色系，即金色與銀色如圖表

表 3-3

金色系飾品	藍色系為主的寒色調，例如灰藍、藍紅、淡紫等顏色的服裝，比較適合配戴銀色飾品；而以黃色系為主的暖色調，則比較適合配戴金色系的飾品。
銀色系飾品	以黃色系為主的暖色調，例如古銅色、原木色、珠飾、陶瓷飾品、景泰乾等副屬品也可按其色澤略分為暖色調與寒色調來應用，其出色與否則端看搭配者本身的眼光與功力了。

對無彩色的黑、白及各種不同明度、深度的灰色而言，它們本來就具有極強的適應力，可以用來搭配任何顏色，相互對比時，亦可造成絕佳的效果。

3-4 個人色彩判斷與整體配色

如何比較顏色、找出關係，以及最有效的應用方式。通常把顏色區分為幾個不同的族群。顏色的三個要素為：

1. 「色相」

   根據溫暖或寒冷顏色的基調來分類，是最常用的顏色分類法 。橘紅色、正紅色和藍紅色，介於寒冷色與明顯的溫暖色之間，也有許多顏色落在其中的區間。根據周圍的顏色、個人對色彩的判斷、以及光線，可以利用儀器分析這些顏色到底是屬於暖色還是寒色。

2. 「明度」

   也就是顏色的明亮程度，即為一個顏色加白或加黑之間的深淺表現。以深紅色為例，最暗的是褐紫紅色即為紅色加了紫色與黑色，而黑色即為造成紅色變深的關鍵；而最淺的是蒼白粉紅 (Palepink) 即為加入了白色而明度變高，介於兩者之間的，就是不同等級的明度。深色通常介於暗到中等的明度，淺色則介於中到蒼白的明度。當然會有一些屬於中等明度的顏色，需要進一步界定到底屬於淺或暗。純色的寒暖色溫歸屬，也需要進一步的判斷 。

3. 「彩度」

   它指的是一個顏色的鮮豔或混濁程度。濁 (muted) 色或中性色是指加了灰色或其他會讓色彩強度變黯淡的顏色，而變的比較柔和的顏色。把鮮亮的洋紅色軟化成灰粉紅色，就是一個把顏色彩度降低或變濁的好例子。顏色的第三個特質，濁和鮮亮，指的就是顏色的清澈程度或濃烈程度。個人色彩也同樣具備三種特質：色溫、明度以及彩度。個人色彩是由人的膚色、髮色和眼睛的色彩來決定，依紐約時尚大師朵芮絲·蒲瑟 (Pooser, Doris) 的個人色彩判斷原則區分為深色、淺色、亮色、濁色、暖

色、冷色等六種類型的人，判斷原則與造型顏色經整合參考如下：

表 3-4　深膚色的人判斷原則與造型顏色

膚色顏色	橄欖褐、古銅色、黃褐色
眼珠顏色	黑色、褐黑色、紅褐色
髮色顏色	藍黑色、黑色、褐黑色、栗褐色、深褐色
彩妝顏色	腮紅：檀香木色、天竹葵紅
	口紅：李子玫瑰色、紅色、酒紅色
	眼影：香檳白、淺嫩粉色、灰黃色、紫色、海水綠、灰色
服裝顏色	身上搭配起來最好看的顏色，通常是互補的顏色。
主要色彩	藍色系：長春藤紫、皇家藍、深藍、藍黑色
	綠色系：藍綠色、翡翠綠、松綠色、鴨綠色
	黃色系：亮檸檬黃
	橘色系：蕃茄紅、正紅、深酒紅、杜鵑紅
	紫色系：紫色、李子紅
	中性色：黑色、灰色、土黃色、巧克力褐色
全身上下所有顏色的彩度都一樣、色調較偏中間的淺粉色彩，如淺藍、淺綠、中黃色、淺亮橘、中粉紅、薰衣草紫。中色調的灰色，如灰色的法蘭絨。	

表 3-5　淺膚色的人判斷原則與造型顏色

膚色顏色	玫瑰褐色、象牙白、粉色、嫩粉色、黃褐色
眼珠顏色	紅褐色、褐黑色、黑色、灰黑色、金褐色
髮色顏色	褐黑色、灰褐色、褐色、柔黑色
彩妝顏色	腮紅：芒果紅色、柔和粉紅
	口紅：古董玫瑰紅、天竹葵、淺橘
	眼影：香檳白、嫩粉桃、淺土黃、海水綠、煙燻藍
服裝顏色	淺膚色的人顏色介於柔和粉彩色到中間色調。一點點暖色調和玫瑰色調配起來，或者把深色和淺色混合使用，效果較佳。臉部周圍避免使用深色。

主要色彩	藍色系：淺藍、天空藍、長春藤紫、帶灰的深藍色 綠色系：藍綠色、土耳其綠 黃色系：檸檬黃、淺黃色、駝色 橘色系：珊瑚、嫩粉桃、珊瑚粉紅 紅色：西瓜紅、草莓紅、天竹葵紅、玫瑰紅、粉紅 紫色：薰衣草紫、紫羅蘭色 中性色：淺土黃色、可可色、玫瑰淺褐色、灰色、柔和白色

需小心使用的顏色：深淺色的強烈對比、黑色、暗深藍色、濃綠色、深南瓜色和鐵色。

表 3-6　亮膚色的人判斷原則與造型顏色

膚色顏色	象牙白、陶瓷白
眼珠顏色	黑色、褐黑色、深褐色
髮色顏色	黑色、褐黑色、淡褐色
彩妝顏色	腮紅：檀香木紅、天竹葵紅 口紅：天竹葵紅、柔和粉紅色 眼影：香檳白、嫩粉桃、淺土黃、紫色、海水綠、煙燻藍
服裝顏色	亮膚色的人配色盤裡是鮮亮、清明、純正的顏色，這些顏色往往又稱為原始色。顏色屬於清明、不霧濁、不摻任何灰色的清明色彩。 如果要用深色，就一定得和白色一起搭配使用，或者臉部周圍用亮的顏色。兩個深色放在一起 ，會顯得太沉重；兩個濁色放在一起，結果也是如此。
主要色彩	藍色系：長春藤紫、正藍色、清亮的深藍色 綠色系：藍綠色、正綠色、翡翠綠、土耳其綠 黃色系：檸檬黃 橘色系：珊瑚粉紅、珊瑚紅、橘紅 紅色系：正紅色、天竹葵紅、杜鵑紅、紫紅色、粉紅、粉紅色 紫色系：紫色 中性色：黑色、白色、灰色、土黃色

・需小心使用的顏色：全身上下彩度相同的顏色、灰矇矇的顏色、霧濁的藍色、加灰的橄欖綠、古銅色調、音橘紅、磚紅色、灰黃褐色、霧濁的中性色。

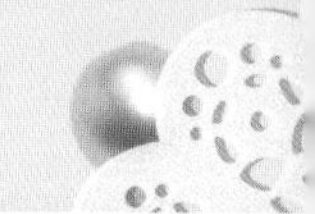

表 3-7 膚色較濁的人判斷原則與造型顏色

膚色顏色	淺黃褐色、玫瑰黃褐色、古銅色、沒有任何色彩、霧霧的感覺、有雀斑
眼珠顏色	褐色、玫瑰褐色、淺褐色、褐黑色、灰褐色
髮色顏色	褐色、紅褐色、灰褐色、柔黑色
彩妝顏色	腮紅：芒果紅、檀香木紅
	口紅：古董玫瑰紅、酒紅色
	眼影：香檳白、嫩粉桃、淺土黃、霧李
服裝顏色	身上搭配起來最好看的顏色，通常是互補的顏色。
主要色彩	藍色系：長春藤紫、皇家藍、深藍、藍黑色
	綠色系：藍綠色、翡翠綠、松綠色、鴨綠色
	黃色系：亮檸檬黃
	橘色系：蕃茄紅、正紅、深酒紅、杜鵑紅
	紫色系：紫色、李子紅
	中性色：黑色、灰色、土黃色、巧克力褐色

需小心使用的顏色：深褐色、古銅色、灰矇矇的顏色、霧濁的顏色。

表 3-8 膚色較暖色系的人判斷原則與造型顏色

膚色顏色	金黃褐色、象牙白、古銅色、有雀斑
眼珠顏色	暖褐色、褐黑色、淡褐色、深褐色、琥珀色
髮色顏色	金褐色、深紅褐色、深褐色、栗褐色
彩妝顏色	腮紅：芒果紅、荳蔻紅
	口紅：杏桃紅、蜂蜜紅褐色
	眼影：香檳白、嫩粉桃、褐色、霧李子
服裝顏色	膚色較暖色系的人適合的顏色屬於中間色調到較深的濃烈色調，而且這些顏色都帶有清明，不過往往還帶有點兒霧濁。如非常明顯的金黃色調，這些顏色鮮亮，可以採用部分純正的顏色，以增加配色的多樣化，尤其是正綠色和正藍色。

主要色彩	藍色系：長春藤紫、海軍藍 綠色系：橄欖綠、綠玉色、苔蘇綠、加灰的綠色、草綠色、土耳其綠、 黃色系：淺黃色、駝色、金黃色 橘色系：橘紅色、蕃茄紅、磚紅色 紫色系：紫色、aubergine 中性色：卡其色、黃褐色、駝色、茶色、褐色、暖灰色
需小心使用的顏色：天藍色、翡翠綠、西瓜紅、粉紅和藍灰色。	

表 3-9　膚色較冷色系人的判斷原則與造型顏色

膚色顏色	粉紅、玫瑰黃褐色、灰黃褐色；有時有點蠟黃
眼珠顏色	黑色、灰褐色、玫瑰褐色
髮色顏色	黑色、藍黑色、褐黑色、灰褐色、深褐色、黑白夾雜
彩妝顏色	腮紅：芒果紅色、柔和粉紅 口紅：古董玫瑰紅、天竹葵、淺橘 眼影：香檳白、嫩粉桃、淺土黃、海水綠、煙燻藍
服裝顏色	冷色人可用的顏色是介於中間色調到深色間、帶有藍底的色彩。純正的顏色往往和這些顏色搭配，往往有相得益彰的效果。具備明顯溫暖特質的顏色應該和寒色搭配使用，而且盡量遠離臉部。
主要色彩	藍色系：紫、皇家藍、正藍、深藍 綠色系：藍綠色、翡翠綠 黃色系：檸檬黃，只適合點綴用 橘色系：避免 紅色系：藍紅色、酒紅色、正紅色、杜鵑紅、玫瑰紅、粉紅 紫色系：紫色、李子色 中性色：灰色、黑色、白色、淺灰黃色、銀卡其色
需小心使用的顏色：鴨綠色、黃綠色、金黃色、所有橘色、暖紅色、金黃褐色、駝色、大多數褐色除非是 帶粉紅的褐色。	

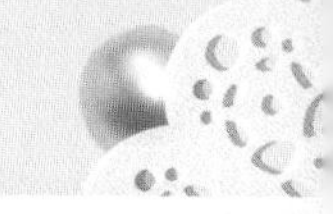

3-5 色彩意象與造型

1. 永遠超人氣的黑色

黑色既不屬於寒色系，也不是暖色系，它是跳脫色系感的獨立色系，在流行舞臺上，黑色永遠是設計師的最愛。黑色給人的感覺是優雅、時尚、前衛。而幾乎所有的人都不缺少黑色的衣服，對 Office Lady 而言，黑色更是永遠都不會搭配出錯的顏色，如果你不知道該選什麼顏色時，選黑色，準沒錯。

黑色在八 0 年代開始走紅時尚界，微妙的黑色加亮片會反射舞臺光線，特別具有光澤美感。

<table>
<tr><td>配色要訣</td><td colspan="4">基本上，黑色是極易搭配的顏色，若想要看起來修長高挑，可以全身黑色或灰色，深色系一起搭配。
搭配白色則強烈對比，給人大方俐落的印象。
如果是黑色搭配銀色則十分具有時尚感。其他，任何色系和黑色搭起來都不衝突。</td></tr>
<tr><td>膚色與配色要訣</td><td colspan="4">黑色會因素材的不同，而產生完全不一樣的視覺效果。
例如，黑色 PVC、皮革等穿起來很有流行感，而麻質、絲質的黑，則給人高雅的感受。
若以黑色為主色，加一點鮮豔的顏色如紅、綠、藍等，效果很不錯。</td></tr>
<tr><td>配色完全指標</td><td>黑 + 灰
（優雅沉穩）</td><td>黑 + 白
（簡單敏捷）</td><td>黑 + 銀灰
（前衛）</td><td>黑 + 明亮色
（個性明朗）</td></tr>
</table>

2. 最能巧妙搭配的咖啡色

咖啡色也可稱為褐色，從深到淺有各種不同調性產生，是屬於相當中性的熱門色特別是對職場 OL 們，咖啡色最能表現沉穩的專業氣息，又極易和其他顏色搭配，因此很受喜愛。

配色要訣	和同色系或明度差不多的顏色作搭配協調而不會給人壓力。如紫藍、深紫、綠藍。 但如果想沉穩中帶有生氣，建議你，把咖啡色當點綴色，而再加入黃色、橘色、綠色等明亮色系為主色，能有不錯的效果。		
膚色與配色要訣	咖啡色系屬於暖色系，對黃皮膚的東方人而言，是很能相互呼應的色系，若是膚色較偏紅，則穿全身咖啡色，易顯暗沉，不妨以明亮色來點綴。		
配色完全指標	咖啡色 + 白色 (自然而古典) 	咖啡色 + 黑 + 灰色 (成熟穩重) 	咖啡色 + 明亮色 (活潑有朝氣) 

3. 知性簡單的灰色調

灰色是 Office Lady 經常會搭配到的顏色，它是一種代表知性、中性、專業形象的基本色調。由明度低的黑和明度高的白混合而成，可依深淺分為淺灰、中灰和暗灰三個層次，另外，混入不同色彩的灰還可分為灰藍調、灰黃調、灰褐調、銀灰調等。

七 0 年代，灰色套裝大大流行，成為職場女性的表徵，到了九 0 年代，帶有金屬光澤的黑色和素淨的純灰色又大行其道。有人說是對極簡主義反射，在反璞歸真的潮流下，乾淨，純粹的色彩越受喜愛。

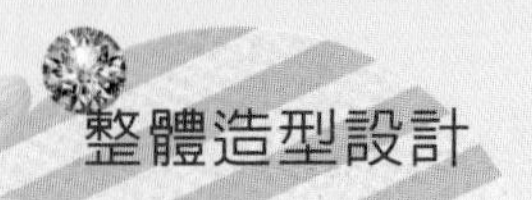

配色要訣	把淺灰視為白色，深灰色當作黑色去搭配。淺灰色調可搭明亮色調、粉彩色調、灰色調搭配。中灰色調則可和明度相同的色彩協調搭配。深灰色調則和黑色一樣搭配所有色彩。
膚色與配色要訣	灰色屬無彩度色調，若搭配東方人的膚色，有時難免顯的暗沉，所以搭配時須注意，例如白皙肌膚的人，並不適合全身灰，如果是肌膚較黃或黑的Office Lady，則可別把灰色穿在上半身。淺灰或能襯出灰色質感的酒紅、葡萄紫、粉紅等色系能柔和膚色。
配色完全指標	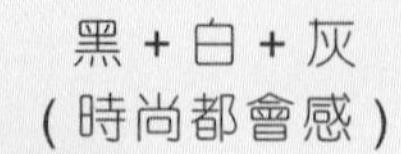 黑 + 白 + 灰（時尚都會感）；粉彩 + 灰（柔和甜美）；深綠 + 紫 + 灰（優雅、內斂）

4. 配色魔力指標

(1) 清新、自然形象的配色法

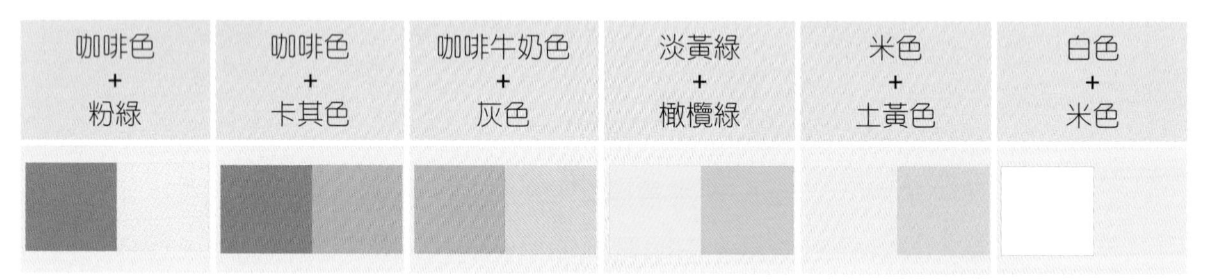

咖啡色 + 粉綠	咖啡色 + 卡其色	咖啡牛奶色 + 灰色	淡黃綠 + 橄欖綠	米色 + 土黃色	白色 + 米色

(2) 優雅、端莊形象配色法

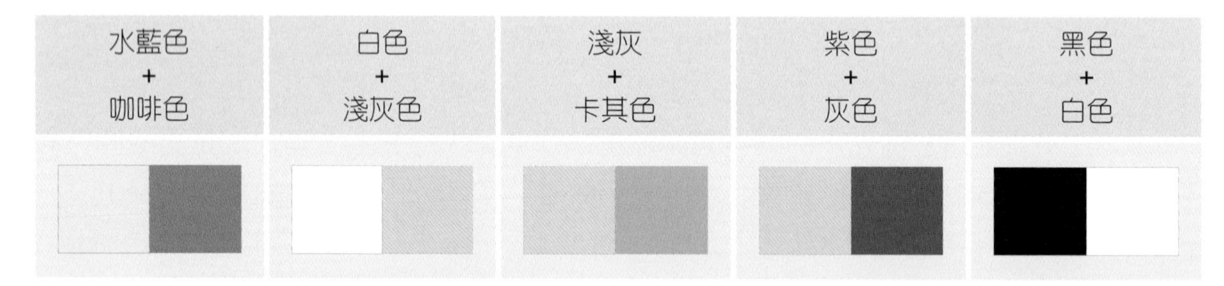

水藍色 + 咖啡色	白色 + 淺灰色	淺灰 + 卡其色	紫色 + 灰色	黑色 + 白色

(3) 時尚、時髦的形象配色法

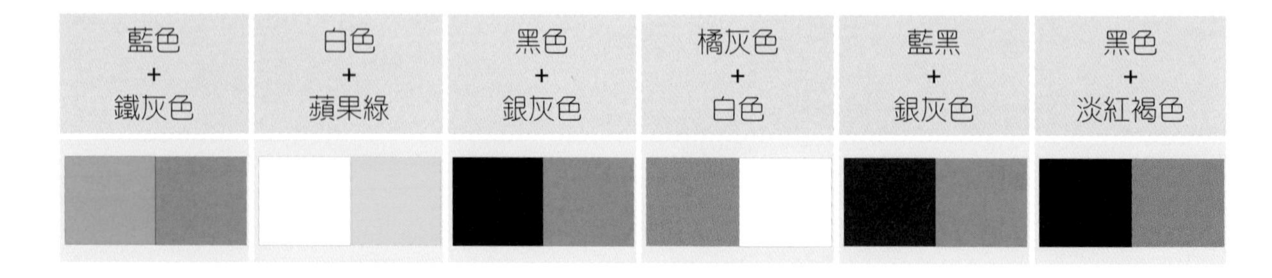

藍色 + 鐵灰色	白色 + 蘋果綠	黑色 + 銀灰色	橘灰色 + 白色	藍黑 + 銀灰色	黑色 + 淡紅褐色

(4) 個性強烈形象的配色法

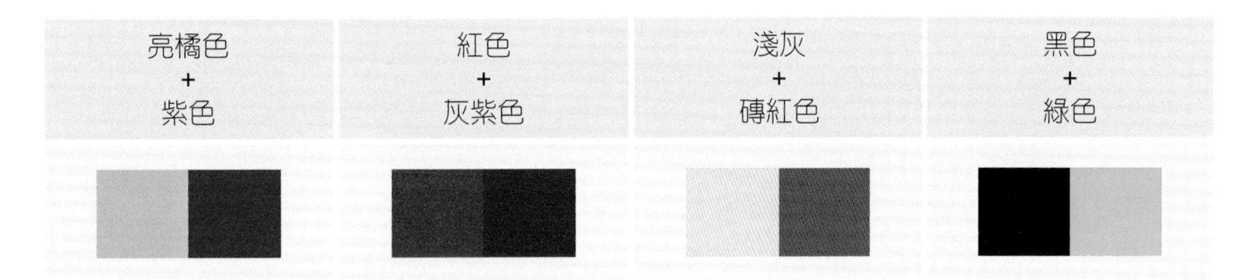

(5) 知性、成熟形象的配色法

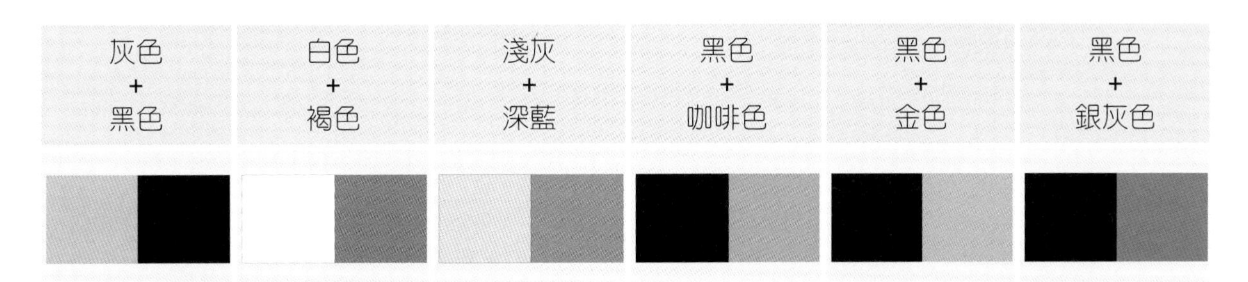

(6) 溫婉、柔美形象的配色法

天藍色 + 白色	粉綠 + 白色	黃綠色 + 米白色	淺紫色 + 粉綠色	天藍 + 藍紫色

3-6 時間、地點、場合(TPO)的配色

人類社會之所以能從原始進化到文明，就是因為人類善於利用人與人之間的交往、接觸、商討等社交活動，群策群力來達成共同的任務與目標。在工商社會中，社交上的活動尤其頻繁。在這些活動中，服裝的色彩始終扮演著非常微妙的角色，因此，如何選擇適當地運用色彩來裝扮自己，已成為現代社交生活中不可忽視的一項能力。

1. 謀職、應徵與面試

在應徵與面試所表達的印象將決定錄用與否。大體來說，應徵與面試前，要先瞭解該公司的規模、性質、徵求職務，並事先明瞭該公司員工衣著型式與色彩，做為自己裝扮上的參考，那麼成功的機運將因此大為增加。例如該公司徵求的是秘書人員，則不妨在色彩與款式上採取高雅的款式來裝扮，而徵求的是內勤的業務人員，則應以整潔大方、俐落誠實的色彩來獲得面試者的好感與信任。應徵的工作是屬於主管階級，除了本身年齡、氣質、能力的考量外，衣著的色彩更應注意，絕不可花俏，要以穩重大方讓人有承擔大任的形象。應徵的工作如果是活動性與機動性的外務工作，也許牛仔褲加上 T 恤上衣能使你輕易獲得工作。總之，應徵、面試是一項深奧而又微妙的形象競爭，色彩在其中扮演了傳達與激化的作用，善用色彩，細心的去體會其職業性質的差異，適度的裝扮自己，才能打贏這場求職戰。

2. 上班、開會與洽商

每個辦公室都具有不同的氣氛，除了有固定制服的裝扮之外，應該儘量仔細地體會這種氣氛，以選擇適當的顏色加以配合。有時侯甚至可以用色彩來推銷自己的個性，如果能善用顏色，它就會產生一種感覺，也象徵一種能力。若是參與開會或洽談生意、公事，則色彩也能發揮微妙的影響力，開會時應先審視會議的性質、地點來選擇穿著時的款式、色調，才不會造成和本身形象、四周環境、會議性質不搭調的困擾。另外，若負責接洽生意時，對於談判對手的個性、嗜好亦應有相當程度的揣測；

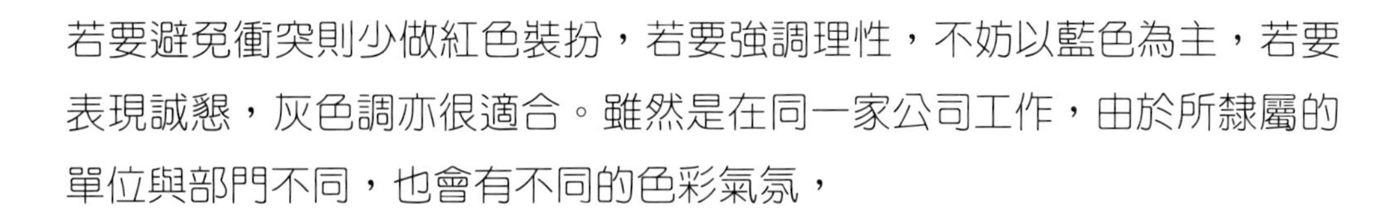

若要避免衝突則少做紅色裝扮，若要強調理性，不妨以藍色為主，若要表現誠懇，灰色調亦很適合。雖然是在同一家公司工作，由於所隸屬的單位與部門不同，也會有不同的色彩氣氛，

例如營業部門，則明朗、活潑、輕爽、具親和力的色調最適宜；財務部門，則態度必須嚴謹，不妨以灰色和深藍色為主；企劃部，為了符合自由創造的特性，紅色、黑色、黃色、紫色都是相當合適的顏色。在工作中若想與同事相處愉快，白色、藍色、綠色、橙色的考慮是非常適合的色調。

總之，用心選擇適當的色彩裝扮，無非是讓大家對妳產生好感，同時也能得到來自四周的讚美，增加自己工作上的信心，對於身心的愉快與平衡，具有不可忽視的影響力。

3. 約會、宴會與舞會

粉紅色調與淡紫色調被認為是與情人約會中，最適合表達愛意的色彩，除了它本身所傳達的羅曼蒂克氣氛外，柔和的色彩特徵正可表現女性溫柔、楚楚可人的氣質，但在一般普通朋友的約會中，可別任意採用，以免產生誤解，造成困擾。

平常的聚會，應以高雅的裝扮為宜，若能根據約會對象、聚會性質、談話內容選擇合適的色彩，相信對聚會的愉快氣氛有很大的幫助。受邀參加宴會、舞會是仕女們最感興奮的事，因為在冠蓋雲集、熱鬧歡愉的氣氛裡，可以盡情的穿戴、打扮，享受爭奇鬥艷的無上樂趣。但最好在出發前，先弄清楚宴會的性質和其他相關的事宜，做好適度的裝扮，以免鬧出穿著金光閃閃的華麗晚禮服去出席普通茶會的笑話。

出席宴會、舞會最重會場氣氛，因此在選擇服裝色彩時，首應注意背景即會場牆壁、窗簾、地毯的顏色。例如穿紅色禮服走在紅色地毯上就毫不起眼，在背景色彩深濃的情況下，若以類似色來裝扮，就會被背景色掩蓋了風采另外飾品的搭配也應格外細心，若能在服裝的重點部位加添閃爍耀眼的飾品，如：領口、袖圈附近，胸前、下擺綴上閃亮的珠片，或戴上金、銀、寶石等髮飾或首飾，隨著身影的移動閃閃發亮，可將強

調效果發揮到極致。如果是從辦公室直接赴會，就無法穿著太長或豪華的正式禮服，若能穿著下擺有蕾絲的裙子，或整套式的服裝，以高貴優雅的形象去赴宴就不算失禮了。但別忘了，在髮飾、項鍊、耳環、手觸等配件上多下點功夫，同樣能達到出色、慎重的效果。若是參加家長會，就應考慮嚴肅的舉辦意義，以整齊、大方的形象為宜，選擇不太刺眼的色彩、式樣，才是明智之舉。

4. 逛街、郊遊與訪友

遇到外出逛街、郊遊的機會，也要視地點、性質裝扮自己，到多彩多姿的百貨公司中閒逛、購物，或是參觀各種藝術展覽，都要考慮自己該有的形象，逛街時可以盡情表現自我風格。郊遊是舒放身心的最好活動，在團體郊遊時不妨以明朗活潑的色調來裝扮，鮮艷的色彩、高明度的色系，都是促進愉快心情與氣氛的最佳催化酵素。若穿著沈悶而又暗色調的服裝，難免給人有放不開的感覺，玩得不痛快、太拘束感，這是郊遊裝扮的禁忌。

當外出拜訪朋友時，可視訪問的對象與季節，穿上符合時令的色彩，給朋友帶來輕爽、親切感的印象。例如：春天以明亮、鮮艷，富有春天氣息的色彩為主。

夏天以涼爽、清澈的色調來裝扮。秋天可以穿著明朗、詩意的楓葉色。

冬天紅、白、綠的「耶誕 3 色」也很合時節。

在過年時，穿著較為正式穩重的色彩，搭配紅色、金色等喜氣、亮眼的飾物，襯托出歡樂、熱鬧的年節氣氛。再加上得體的禮物、紅包之類，必能使妳成為既出色、又特別受歡迎的客人。

5. 探病與悼唁

如果要去探病，就應讓病人感覺出妳由衷的關懷，穿著上便是重要的一步，因為人在身體不適時，對顏色會特別敏感。依據色彩心理聯想如果探病時穿著雪白色服裝，會使病人覺得更加疲勞，黑色則讓人產生不祥的聯想，紅色則太近似血的顏色，對有外傷流血的病患尤其不適宜，再讓其勾起可怕的回憶，而黃色太刺眼，會造成病人的心理不安，這些都是很普通的常識，探病者應儘量避免。至於活潑、明亮、柔和、溫馨的色彩，如淡灰黃、粉紅、淺乾、淡綠、淡橙色等，都是充滿歡愉、溫馨的色調，不只探病，一般場合也都非常適宜。

悼唁的場合，是一個哀戚的場所，也是不宜表現自己喜好與個性的地方，此時無論妳的外型、個性如何，均應穿著無彩色、或深藍色的衣服，化妝更應清淡，口紅選近似膚色者，並用面紙擦去光澤，以免落人不明事理之譏。

總而言之最佳造型配色是必需依照不同時間、地點、場合而設計，最能達到事半功倍之效與符合禮節。

服裝、髮型、化妝、配飾於造型之應用

Point

4-1　服裝穿搭

4-2　髮型特色

4-3　化妝美顏

4-4　配飾於造型之應用

4-5　臉型與造型設計

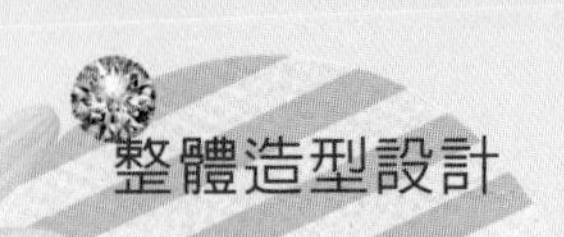

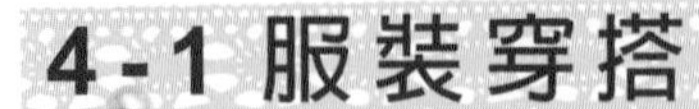

4-1 服裝穿搭

4-1-1 服裝風格三要素

服裝風格主要決定於三個要素：線條、尺寸和顏色。這三要素需和人的體型及臉形等外形特徵取得平衡和協調。

一 線條

衣服的線條，包括了外線條和內線條。在服裝設計上線條十分重要，它們不但可以強調我們身材的優點，更可以把身材的弱點隱藏起來，外部輪廓線應該搭配自己的身體線條及考量布料紋路的多寡和圖案成適當比例。

- 外線條：是指服裝外形，亦即是服裝的形狀。內線條是指衣服上的線條，如構造線條、設計細則和布料上的線條圖案等。不同的線條，可以影響別人對我們身型的觀感。
- 橫線條：衣服上的橫線條，使我們看起來較矮胖。身材矮胖的人，應儘量避免穿著有橫線條的衣服。
- 直線條：衣服上的直線條，使我們看起來較修長和纖瘦。身材高瘦的人，應避免穿著有直線條的衣服。

（一）布料的材質效果

在選擇布料時布料的重量、設計和表面效果，都必須考慮進去，因為這些都會影響服裝的線條。線條在幾何學上，就只是條線，但運用在服裝上，用來說明服裝的特質，以及運用這些特質來搭配你的體型。

（二）表面效果

所謂有表面效果的布料指的是表面有凹凸紋路、有時髦感、或結構鬆散的布料。

(三) 印花

和表面效果一樣，印花也必須搭配服裝的線條，在線條筆直的衣服上，印花圖案都一定和服裝的線條相互呼應，因而營造出一種優雅得宜的協調感。身體線條愈筆直，就愈需要用幾何或「直線條」的印花圖案。避免在邊緣筆直線條的服裝款式上，用柔和的花朵圖案，會顯得很不協調。線條柔和彎曲的衣服上，最好用柔和的印花和水彩圖案，或者整體圓滑柔和感的印花與服裝結構，如此能塑造整體的協調感。

二　尺寸與合身

尺寸是可以塑造個人想表現出怎樣氣質的關鍵因素，如：優雅、迷人魅力、流行時尚或平凡庸俗面。

風格其實就是兩個個體間的比例組合。第一個個體是自己，第二個個體則是衣服。兩者的尺寸應該有適當的比例，而好的比例是看起來要有均衡之感，而所謂均衡的比例就是當你的衣服看起來不但完全適合你的身材，而且顯得昂貴優雅。

三　顏色

顏色能吸引別人的注意，例如鮮豔的色彩比較奪目。顯露和隱藏我們身型的特點，例如穿著深色的半截裙，可以使豐滿的臀部，看起來較纖瘦。反映個人的性格，例如冷色系可以反映穩重和嚴肅的性格，適合行政人員穿著。暖色如紅色、橙色和黃色，是指與太陽和火近似的顏色，它們給人溫暖和充滿生氣的感覺，暖色一般較鮮豔，會使我們的身型看起來比實際大。冷色如綠色、藍色和紫色， 是指與海和天近似的顏色，它們給人清涼和平靜的感覺。冷色一般不太鮮豔，會使我們的身型看起來較細小。協調色系配搭是指色輪上鄰近顏色的配搭，它們容易襯配，而且予人和諧的感覺，如：黃色搭配黃綠。

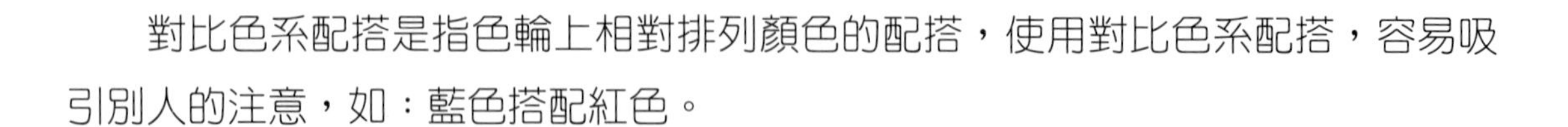

對比色系配搭是指色輪上相對排列顏色的配搭，使用對比色系配搭，容易吸引別人的注意，如：藍色搭配紅色。

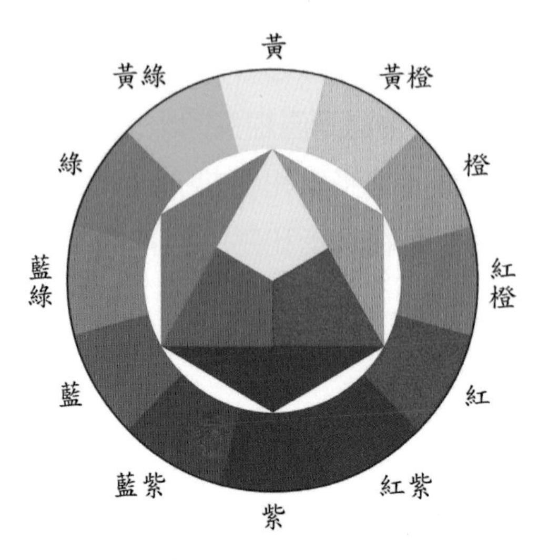

圖 4-1　色相環

人的穿著最主要的關鍵是要能隱藏外型的缺點，展現個人優點的特色，達到均衡的感覺。以下針對各種體型在選擇衣服時要注意的地方提供意見，如能善加運用，將會有意想不到的效果。整理表格如下：

表 4-1　各種體型適合的穿著

體型	避免穿著	適當穿著
小腹多贅肉	貼身短裙，細條紋上衣或需要繫腰帶的洋裝。	· 高腰剪裁 A 字裙 · 高筒或腰間打折的長褲 · 緊身上衣配高腰裙或高腰褲可以利用長背心轉移焦點 · 連身裙（無腰線剪裁）
臀部大的人	不適合穿上緊身褲和打摺的長褲，太緊的短裙也不適合。	· 短外套 +A 字裙 · 高腰洋裝或長裙 · 過腰的長背心 · 短上衣 + 低腰短裙，兩件式有腰身的簡單套裝。

體型	避免穿著	適當穿著
直筒腰	利用服裝線條來修飾，沒有腰身的衣服會看起來更胖。	‧可以繫上腰帶增加線條效果 ‧高腰或有腰線的連身洋裝或長裙。 ‧有腰身的短外套，高腰剪裁的上衣，在套裝內穿上鮮豔的色彩的襯衫或圓領衫。
粗腿	及膝裙、低腰中長裙比較不合適小腿粗的人。	‧高腰直統褲 ‧長 A 字裙或短的 A 字裙，兩側開叉的短裙。 ‧短的百摺裙，7 分褲。 ‧深色鞋和深色絲襪
厚背的人	不適合露背裝、露肩、細肩帶或深 U 領的衣服了。	‧剪裁分明的套裝有腰身的上衣或裙子。 ‧可以在衣領上繫條絲巾或領巾，外翻圓領上衣。
上手臂粗的人	不適合無袖和露肩的衣服。	‧連袖的衣服 ‧袖口較大的上衣，襯衫。
胸部扁平的人	不宜穿太貼身的緊身衣，否則看起來會更平。V 領或挖太深的領型也不適合。	‧胸前裝飾設計的衣服，例如口袋、蕾絲領帶、領巾能轉移視線圓領背心或背心裙。
矮個子的	不適合太鬆垮或多層次搭配的衣著。	‧素色或同一色系上、下款搭配的衣服。 ‧直條紋的衣服有拉長效果 ‧合身短上衣、短夾克、短外套
脖子比較粗短的人	最好不要穿高領或小 V 領的衣服。	‧大領或 V 字大領的衣服，領子的顏色盡量不要太深或太鮮豔，以免加強印象停留在脖子上。

4-1-2 臉型與衣服的領型搭配

每一種臉型，都會有適合的領型，可是不同角度、寬窄型的設計，整理為表格如下：

種類	特色	圖例	不適合對象	適合對象
圓形領線	可愛保守是指在前頸點附近的小圓形領型		·不適合蘋果臉者。 ·脖子短者也不適合。	適合逆三角臉型就很不錯的設計。
尖形領線	削瘦尖銳是指三角形的領線		不適合逆三角臉者穿著	蘋果臉、方臉者非常適宜，它會變得更性感。
方形領線	陽剛有個性是指呈現倒ㄇ字的領型		不適合方型臉或正三角臉者穿著	對逆三角臉型來說是很有個性的領型。
U 形領線	雍容華麗是指可以拉長、拉寬的圓形領型		不適合臉長、脖子長者穿著。	除了臉長、脖子長者穿著，其他臉型大致可接受。
船形領線	美麗大方是指領線成一字形		不適合方型臉或正三角臉者穿著	除了方形臉或正三角臉者，其他臉型皆可適合。

4-1-4 服裝搭配演練

下面的十款服飾搭配示範，是利用各種單品組合配件，想提供各種職業的更多的搭配創意靈感。

1 都會女性的精緻風情

（襯衫＋短裙）

輕盈素材的薄襯衫，特別適合整天在冷氣房的 OL 族穿著，黑色 A 字裙，簡單的搭配，沒有制式套裝的呆板和一成不變的感覺。

適合

各種職業。

2 活潑又有活力年輕組合

（針織衫＋長褲）

年輕族群的 OL，有時可以穿得青春活潑一點，一件簡單的 V 領上衣，搭深色低腰七分褲，就能散發與眾不同的年輕氣息。

適合

唱片宣傳、服裝編輯、美工創意、企劃人員。

3 洋裝是搭配機能最強的單品

（洋裝）

利用單品間的搭配變化，可以搭出一套套 OL 的上班行頭，洋裝便是不可或缺的大功臣，特別是基本色調如灰、白、黑、咖啡、深藍色等系。

適合

各種類別。

4 基本款永不退流行

（荷葉領上衣＋中長 A 裙）

最經典的搭配，不論時尚如何轉變，都依舊不退流行，如圖示範的搭配，銀灰色荷葉領上衣，搭配 A 字長裙，便可簡約穿出女性的成熟美。

適合

行政人員、秘書、白領女主管、服務業如：銷售人員、專櫃小姐

5 簡單穿出流行感

（背心 + 短外套 + 長褲）

現代的 OL 族穿著不再制式呆板，不喜歡套裝的人，可選擇較舒適的單品，如圖示黑白色系的兩件式上衣搭配一件灰色長褲，色彩不多，款式簡單，就可以穿得很有品味。

適合

服裝採購、活動企劃、廣告 AE、自由創意工作者。

6 柔和而流行的裝扮

（削肩黑色洋裝）

OL 族有時因應場合不同，有時也需要能穿著更有女人味，例如，參加 Party，就該仔細穿著打扮，一件簡單的削肩洋裝，纖細而優雅。

適合

參加宴會時穿著。

7 把時尚穿待在身

（長背心外套＋長褲）

有時一個小小的裝飾，就具畫龍點睛的效果。如圖示範，藍色細條紋上衣搭低腰褲，表露灑脫氣息。

適合

服裝企劃、自由業、流行相關從業人員。

8 復古典雅的迷人搭配

（夾克＋洋裝）

一件式短洋裝，四季都實穿，加一件拉鍊夾克，有點復古，又帶點灑脫。

適合

業務秘書、行政助理、採訪記者、自由創意工作者。

9 女人衣櫥中不能少的單品組合

（毛衣 + 長褲 + 圍巾）

藍綠色毛衫，搭配深藍色長褲，具瀟脫的魅力，特別適合活動力強的 OL 族，能把都會女性明朗的氣質表露無遺。

♡適合

採訪編輯、活動企劃、廣告 AE、創意人員。

10 穿出帥氣的瀟脫風格

（毛衣 + 風衣外套 + 長褲）

OL 族的穿著，變化愈來愈大。制式的套裝穿著不見得適合各行各業，防風夾克、高領羊毛衫，搭配低腰直筒褲穿起來有個性又有活力。

♡適合

傳播業、創意設計、企劃、業務。

10 款服飾由名揚國際開發有限公司提供 J’S 服飾

4-2 髮型特色

形象建立中，髮型是具有影響力的一環。剪一頭短髮，燙一頭捲曲髮型，形象氣質便會被立即改變過來。想徹底地建立一個全新形象，要由「頭」開始。每一種元素放在自己身上都要講求合適與協調。一個適合的髮型，首要條件是與臉型配合。能修飾輪廓的髮型，可以把臉型上的缺點遮掩起來。不要看見別人的髮型好就盲目去剪一個，要考慮自己的臉型是否合適，要切合年齡和職業。髮型若能配合年齡和職業上的需要，有助建立正面的形象。此外，考慮轉換髮型時，不要忽略髮質的問題。剪髮前，最好先請教專業髮型師的意見。梳一個好的髮型就像穿上漂亮合身的衣服一樣散發出獨特氣質。

不論梳理何種髮型，請留心搭配的協調。耳環尤其能平衡短髮，增加美麗的色彩，譬如珍珠、水鑽或是藍寶石的精緻小耳環，都具有這種效果。若是想配戴大型的或是下垂型的耳環，請留心它們與臉型、髮型是否相配，通常，大白天並不需要太突出或搶眼的耳環。

不同髮型分類如下表

種類	造型	圖例	特色	適合臉型
短而直的頭髮	短而直的頭髮方便易梳，如果配上軟質料的襯衫或衣裙，髮型就顯得僵硬而不調和。		依照頭髮髮根生長方向將頭髮梳順後，前髮以羽毛剪髮技巧剪出所需之形狀，那麼，不但整個臉形感覺特殊而更具靈性美，由嘴巴到右腮的線條也顯得明亮而開朗。	·標準臉型 ·窄方型額頭

種類	造型	圖例	特色	適合臉型
短而捲的頭髮	可以把頭髮往前梳前面留成瀏海，也可以把瀏海往後梳，以小髮夾或小髮梳固定。短髮若到耳朵，能露出漂亮的耳環。在夏天，頭髮往後梳再抹上一些髮油，會使頭髮更光澤亮麗，居家或外出都適合。		此款髮型的特色是：明朗活潑。燙髮時卷子依髮型之流向以疊磚方式排列，燙髮後，將兩側之頭髮適度修剪即可。	·標準臉型 ·菱形臉
兩側羽毛剪的直短髮	前額的瀏海可全部往反方向梳，會顯得成熟些。頭髮往後梳，可強調額骨，若是順著頭髮往耳後梳，可強調眼睛和嘴。 可梳成內髻或外翹的髮型。		清純的鮑勃式直短髮型，兩側羽毛剪，髮尾打薄後，感覺上比較輕柔及飄逸。適合各種髮質的頭髮梳理。洗後將髮根吹蓬，自然成形即可。	·標準臉型 ·逆三角型臉 ·有美人尖額頭
細捲短有層次的頭髮	少女或少婦十分適合的髮型，髮端的內鬈或外翹都好控制，兩側的頭髮可以有層次的披下來。瀏海，洗過頭髮之後，用海棉卷捲起，可形成柔美的曲度。		前額髮緣特殊的瀏海設計，使本款髮型兼具時髦及別樹一幟的特質。 髮緣兩英吋的瀏海則做特殊造型設計。這種髮型平均兩週應修剪一次才不會變形。	·標準臉型 ·圓型臉

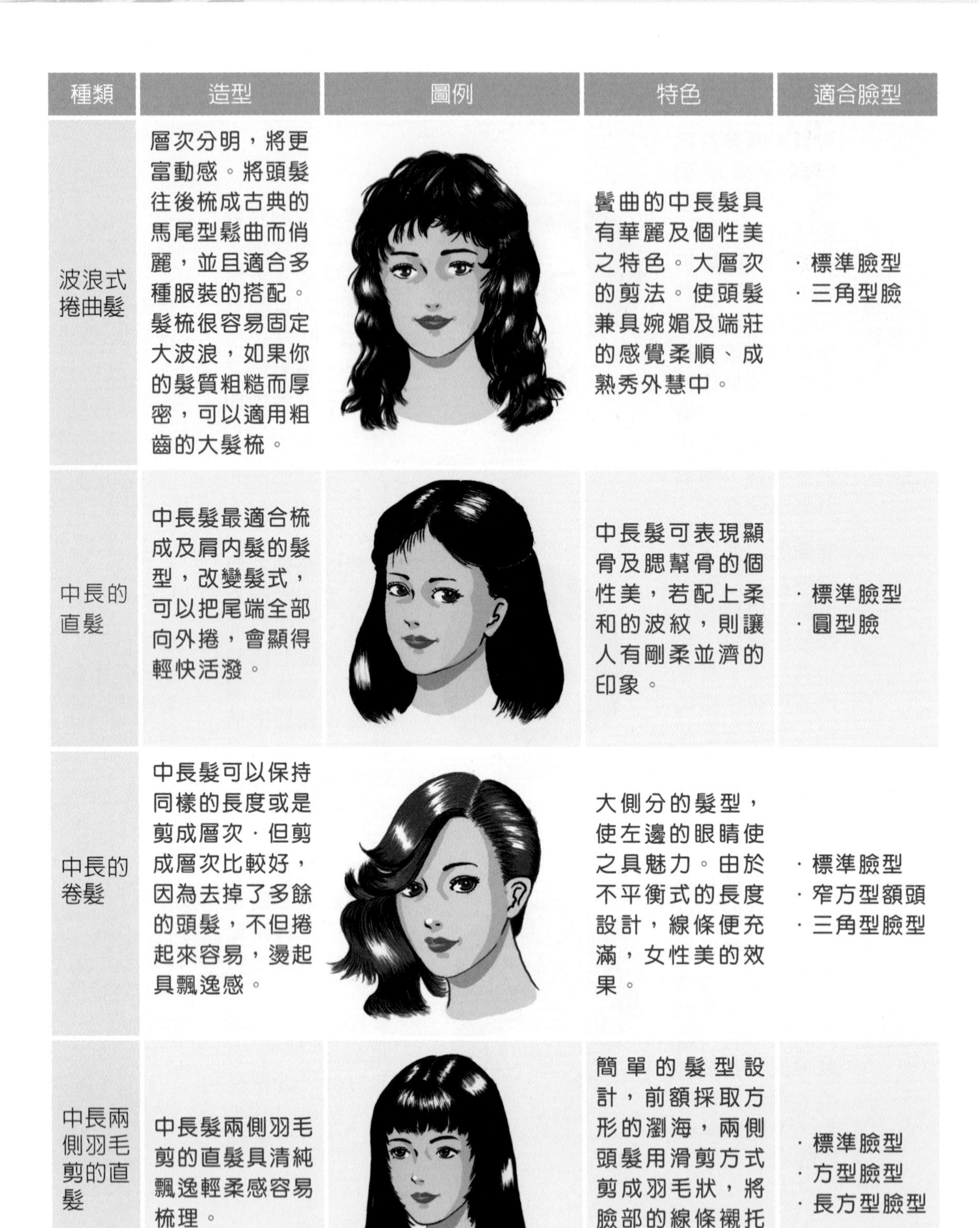

種類	造型	圖例	特色	適合臉型
波浪式捲曲髮	層次分明，將更富動感。將頭髮往後梳成古典的馬尾型鬆曲而俏麗，並且適合多種服裝的搭配。髮梳很容易固定大波浪，如果你的髮質粗糙而厚密，可以適用粗齒的大髮梳。		鬢曲的中長髮具有華麗及個性美之特色。大層次的剪法。使頭髮兼具婉媚及端莊的感覺柔順、成熟秀外慧中。	·標準臉型 ·三角型臉
中長的直髮	中長髮最適合梳成及肩內髮的髮型，改變髮式，可以把尾端全部向外捲，會顯得輕快活潑。		中長髮可表現顳骨及腮幫骨的個性美，若配上柔和的波紋，則讓人有剛柔並濟的印象。	·標準臉型 ·圓型臉
中長的卷髮	中長髮可以保持同樣的長度或是剪成層次．但剪成層次比較好，因為去掉了多餘的頭髮，不但捲起來容易，邊起具飄逸感。		大側分的髮型，使左邊的眼睛使之具魅力。由於不平衡式的長度設計，線條便充滿，女性美的效果。	·標準臉型 ·窄方型額頭 ·三角型臉型
中長兩側羽毛剪的直髮	中長髮兩側羽毛剪的直髮具清純飄逸輕柔感容易梳理。		簡單的髮型設計，前額採取方形的瀏海，兩側頭髮用滑剪方式剪成羽毛狀，將臉部的線條襯托得更佼好。看起來清純而可愛。	·標準臉型 ·方型臉型 ·長方型臉型

種類	造型	圖例	特色	適合臉型
優雅繩狀髮辮	二束髮辮繩狀髮辮具優雅感可增加喜愛的飾品亦可與服飾顏色搭配。		二束髮辮較不普遍，且需要些技巧。若喜歡緊的繩狀髮辮，可扭轉三、四次；若喜歡鬆些則扭轉兩次，其要點是兩根，髮辮扭轉方向須相同，至於向左轉或向右都無妨，只要選擇容易轉的力向即可。	．標準臉型 ．圓型臉
華麗扭轉之美	頭髮層次分明，富動感須要扭轉編結挑髮量以精細平均為主，更具均衡之美。		這種髮型編結，多做幾次扭轉，更能表現華麗之美，髮束約1-1.5 公 分即可，扭轉時可多轉幾次以免鬆掉。所取之髮束量一致，編出的髮型才美觀。燙過的頭髮，更適合編結此種髮型。	．標準臉型 ．圓型臉
高貴的宴會髮型	長髮捲曲的波浪具有華麗個性美之特色，扭轉緊實並以編結髮束，扭轉成裝飾花，更能表現高貴感。		這是最能表現出燙髮美感的髮型，前髮短的人也很適合，除前面扭轉的頭髮外，後面的頭髮先紮起來，最後讓它自然乾波浪具更美感。	．標準臉型 ．逆三角型臉型

種類	造型	圖例	特色	適合臉型
俏麗甜美的髮藝	長直髮具有清純美之特色，少女或少婦適合的髮型與裝飾俏麗甜美感 。		長髮的變化多，不論是編成一根或兩、三根髮辮，都有它不同的美。頭髮分段固定住，其間隔須相同，大致間隔二～三公分最適當，若頭髮有層次之分時，則視頭髮層次來區分間隔，固定頭髮也不限定用橡皮圈，可用各種代替品。	・標準臉型 ・長型臉型

4-3 化妝美顏

將彩妝表現方式分為濃妝與淡妝，根據不同用途細分為裸妝、攝影妝、影視妝、宴會妝、新娘妝、舞臺妝、彩繪妝、易容妝等類型。

4-3-1 依彩妝風格區分

1. 以人、時、地點而命名，或用不同的行業類別、節慶活動與種族來區分

影視媒體傳播以夢幻唯美、另類搞笑或奇特造型，吸引大衆目光，以達宣傳之效，舞臺妝演員欲詮釋演出人物之特色，通常以鮮明色彩與誇張線條來表現，而影視戲劇化妝，需配合劇情而定，演出之人物角色、時代背景與性格，為彩妝設計的首要條件。

無論廣告、電視、電影、戲劇、新娘、宴會、展覽、報章雜誌，和每年在世貿舉辦的資訊展、電玩展、婚紗展及化妝品展等，都需藉由整體造型來傳達其目的與訴求。

2. 依時間、地點、場合區分

時間因素如白天的上班妝、或晚間聖誕晚宴妝，地點因素如室內的居家妝或室外的郊遊妝，場合因素有參加宴會、一般攝影妝或舞臺妝，依個人需求選擇適當的妝扮，內在風格蘊涵著妝扮者本身主觀的判斷及選擇。地點因素分為：種族與性格二大部分，種族風格包括埃及、印度、日本、非洲等國家，性格彩妝以色彩區分為冷色調、暖色調及中間色調三種，冷色調如：龐克、靈魂搖滾、另類頹廢、成熟冷豔等風格；暖色調有清純甜美、浪漫可愛、甜蜜夢幻、中國風、民俗風、性感豔麗與熱情健美等各式風格；中間色調多為無彩色與銀色的表現，包括了內斂優雅、未來時尚和超時空幾何之風格，整體而論藉由彩妝風格的歸屬認知，可展現彩妝設計的無比創意，形成各式別具特色的妝扮，及彩妝藝術的千變萬化的多樣風貌，以提升彩妝造型的價值及意義，使之呈現最完美合宜的妝扮。

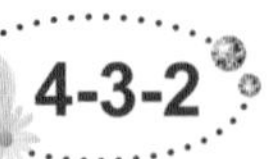

4-3-2 不同彩妝特色與解析

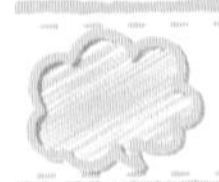

廣告電玩展易容妝等類型

影視媒體傳播以夢幻唯美、另類搞笑或奇特造型，吸引大衆目光，以達宣傳之效，通常以鮮明色彩與誇張線條來表現。

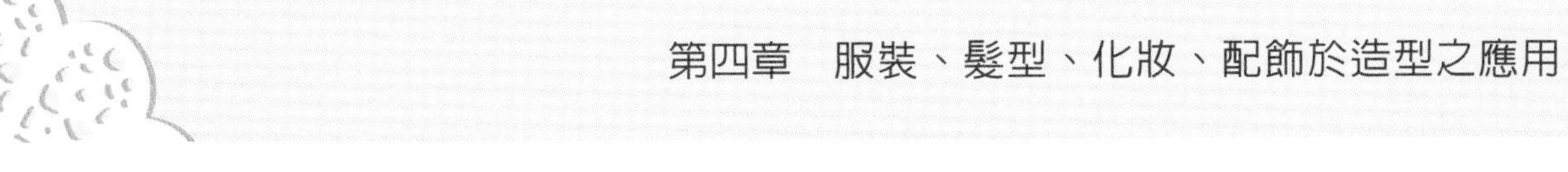

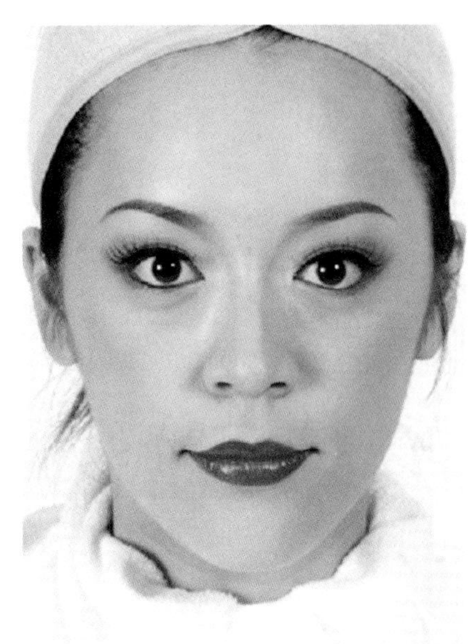

新娘妝

無論華麗、清純、古典、時尚、可愛的新娘妝設計，須表現出新娘的喜氣、嬌、柔、媚或年輕之特色。

舞臺妝

須衡量燈光效果與距離，化妝手法的訴求是在遠距離與強烈燈光的照射下，舞臺上表演者的五官輪廓明朗突出。

影視妝

影視戲劇化妝，需配合劇情而定，演出之人物角色、時代背景與性格，為彩妝設計的首要條件。

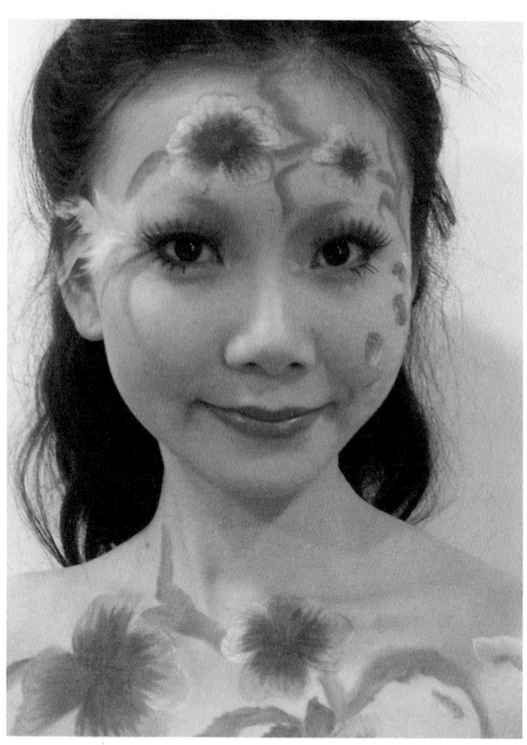

彩繪妝

巴西嘉年華會、比利時彩繪節慶等都有其蹤跡，賦予現今彩妝造型多樣新風貌，使其成為一門獨特的專業化妝藝術。

戲劇

臉部塗抹上色多為宗教信仰、標示身份、彰顯權力地位及嚇阻作用。

中國傳統戲曲之京劇化妝，其譜式加上譜色，變化出許多誇張鮮明的臉譜，目的為使戲中人物之性格更加明顯。

4-4 配飾於造型之應用

配戴首飾是一門藝術，必須考慮自己的性別、髮型、妝扮、職業、場合等因素。適宜的首飾還可以達到改變臉型的效果，而美麗的臉型如果配上更適宜的首飾更是能錦上添花。

首飾搭配得當，可改變一個人的造型，成功地傳達出美麗形象及高雅或活潑的品味，靈活運用您的首飾，加上技巧，合宜性的搭配，考慮整體的協調，只要把握住基本的概念，就可以將自己的品味充分地表現出來。

1. 耳環

臉型可以藉由髮型來改變，再利用耳環相互配合，就可達到良好的效果 . 耳環的顏色和皮膚的顏色搭配，也有密切的關係，例如 : 皮膚白的女性較適合鮮艷的顏色，皮膚稍暗的女性較適合淡色系列的顏色。

2. 胸針

胸針是服飾的焦點，具有劃龍點睛之效，當搭配的衣服花紋樸實時，胸針便可以發揮它的功效，每一個人都希望配戴能展現魅力的珠寶，每一種珠寶有不同的特徵和個性，但不是非得價值昂貴的寶石才可襯脫出一個人的美麗，只要搭配得當，因時因地制宜靈活運用即可。

化妝顏色的調合與服裝、首飾的搭配也是很重要的，如果搭配得宜，將會使您更增亮麗，但是忽略了這種調合性，那麼很容易給人一種突出不相稱的感覺，當您在為寶石的顏色與衣服色系的搭配感到困惑時，可選用傳統珍珠飾品，因它適合任何一種花樣的衣服及任何場合，婚、喪、喜、宴配戴都不會給人唐突的感覺。

4-5 臉型與造型設計

怎樣根據臉型來選擇最佳造髮型？每個人的臉型輪廓、五官特徵都不盡相同，所以在選擇造髮型時就要揚長避短，就能選擇出各種適合自己臉型的秀麗優美的造型。分析你的臉型時最好用毛巾或髮帶把所有的頭髮都梳到腦後，面對鏡子，仔細端詳自己是屬於哪一臉型。粗略來分，人的臉型可以分為七種：菱型臉、心形臉、方形臉、長形臉、橢圓形臉、圓形臉、三角形臉。

臉型與造型設計

1.標準型臉

特徵

- 從額上髮際到眉毛的水平線之間距離約占整個臉的三分之一；
- 從眉毛到鼻尖又占三分之一；
- 從鼻尖到下巴的距離也是三分之一。
- 臉長約是臉寬的一倍半，額頭寬於下巴。也有人稱其為標準的蛋型臉。

服裝

搭配任何一種領型都適合。

髮型

屬於完美的臉型，這種臉型一般來說可以搭配任何一種髮型。但是，仍要考慮其他因素如年齡、側面輪廓、兩眼之間的距離，長髮短髮皆適宜，可大膽的嘗試任何髮型。

化妝

粉底：完美的臉型無需特別修飾，色彩選擇：匀稱、自然。

腮紅：依標準腮紅描化，色彩選擇：匀稱、自然。

眉型：任何眉型都適用，眉色選擇：匀稱、自然。

唇型：依標準唇型描化，色彩選擇：匀稱、自然。

配飾

最速配飾品：圓潤＋短鍊＋柔和

- 最好戴圓潤飽滿的飾品，藉此增加兩頰側邊的份量，如貼耳式、彩度高或設計複雜的寶石耳環等，而項鍊最好是短鏈或橫向式鍊墜，才能修飾長臉。
- 避免超過鎖骨的長鍊或長形耳環，此外，長臉人易因額頭寬或下巴長，容易給人較男性化的感覺，因此飾品線條可選柔和。
- 適合任何款式的耳環，但要記住必須搭配身型，與身材取得協調感即可。

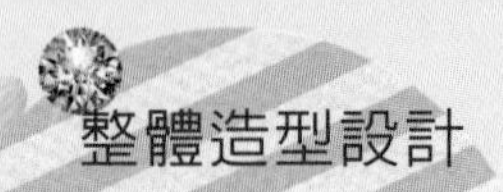

2.長型臉

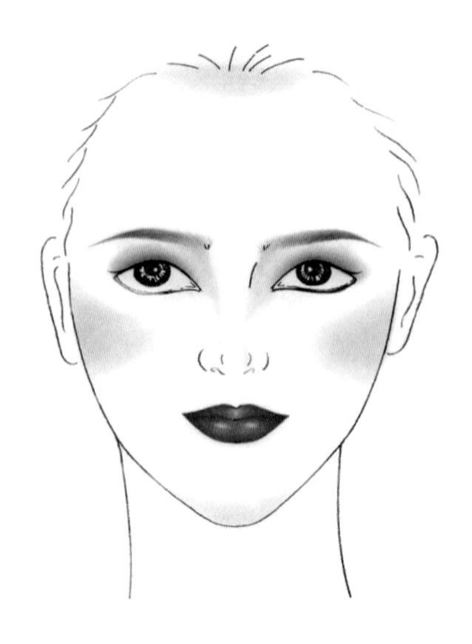

特徵

· 臉長比臉寬及長，臉頰輪廓長又直。

· 前額和下巴呈現出特長的長方形臉。

服裝

· 長臉型適合的領型：圓領、披肩領、立體或立領。

· 長臉型的應選擇可以減少脖頸處露膚度的領型，可以在視覺上緩和長臉線條；立體感的圓領型讓臉部線條看起來更圓潤，解決臉長的煩惱。

· 長臉型的不適合的領型：大 V 領開闊的領口增加露膚度會長臉型在視覺上更加的拉長臉部線條。

髮型

· 朝前方 60 度方向梳理，則臉型有圓潤感。

· 額前垂下瀏海是加寬額頭寬度，選用蓬鬆式髮式最為恰當，尤其鬢邊的厚度蓬鬆可以很好地掩蓋臉頰的瘦長。

· 瀏海長度與厚度能蓋住眉毛。

· 在髮尾捲曲以增加髮量的鮑勃式髮型，以平衡長型臉。

· 加強臉的寬度並修飾頭頂成圓形兩側更豐厚。

· 可以採用 7:3 比例的偏分可以使臉顯得更寬、更短，以與下巴齊長的中長髮式為宜。前額多留些瀏海，兩邊髮型豐滿蓬鬆，不要緊貼臉頰。

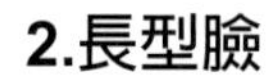

化妝

粉底：上額、下巴以暗色修飾。色彩：勻稱、自然。

腮紅：由顴骨方向往內橫刷。色彩：勻稱、自然。

眉型：略呈水平，眉色：勻稱、自然。

唇型：唇峰避免角度，唇寬不宜超過瞳孔內側。色彩：勻稱、自然。

⚠避免

- 斜瀏海會暴露過高的髮際線，增加縱向的線條，被視為長型臉的禁忌。在下巴形成水平零層次直長髮。沒有瀏海。
- 在頭頂增加高度的髮型。

配飾

長臉型的人則較適合用緊貼耳朵的圓型寬式耳環。

3.圓型臉

特徵

前額和下巴的距離等於兩側臉頰之間的距離，也就是臉長度大約相等於臉寬度。

服裝

- 圓臉型的比較適合可以拉長臉型的 U 領和 V 領，適度的露膚可以延長臉部線條，結合可以顯纖瘦的髮型，有效改善嬰兒肥的視覺圓潤感。
- 圓臉型不適合的領型：開闊的圓領開闊的圓領，會加重圓臉型的輪廓感，突出臉部的圓潤線條，淺色的服裝也會加重面部飽滿感。

髮型

- 適合的髮型是兩邊削薄，挽到後腦勺，適當增加頭頂髮的厚度。這樣就能讓臉顯得長一些，增加穩重感，又不失甜美。
- 兩側打薄的短髮型。
- 髮尾向內，短的 bluntcut 髮型。
- 讓頭頂部增加髮量以增加高度，露出兩側耳朵的短髮高層次（Shortlayers）。
- 圓臉型的人女短髮則可以是不對稱或是對稱式，側瀏海，或者留一些頭髮在前側吹成半遮半掩臉腮，頭頂頭髮吹得高一些。
- 寬度略窄的短瀏海 (Fringe)。
- 圓臉的人，髮型可以採用 6:4 比例的偏分，這樣可以使其臉型看上去顯得窄一些，如果能把瀏海弄得厚一些，帶有波浪的話，這種錯覺與調和的效果，能使圓臉的輪廓顯得更加優美。

⚠ 避免

- 避免捲曲髮 (Curly) 髮型，因為這些都會更強調圓型與豐厚飽滿。
- 避免長髮而頭髮方向往後的髮型。
- 眉上的整齊瀏海，同時也會因為強調了橫向的線條，使臉型更短，讓圓形臉永遠無法逃脫孩子氣。

化妝

粉底：明暗色粉底，位置：耳中至下顎以暗色修飾，額中央近髮際處及下巴以明色修飾，色彩：勻稱、自然。

腮紅：由顴骨方向往嘴角刷成狹長型，色彩：勻稱、自然。

眉型：由眉頭斜上，眉峰略帶角度或弧度，眉色：勻稱、自然。

唇型：1. 唇峰略帶角度，下唇不宜太尖太圓；2. 色彩：勻稱、自然。

配飾

最速配飾品－長鍊＋垂墜＋立體

利用長項鍊來拉長臉部，耳環或鍊墜最好都選擇細長、垂墜的長方或水滴形。

⚠ 避免

扁圓大片、貼耳的耳環，以及粗鍊或款式過於複雜的項鍊，圓臉人千萬要避免。

♥耳環適合

1. 卵形或旋轉式耳環及有點長度的耳環。
2. 長度大於寬度的耳環避免：圓形或重墜式或長形耳環。

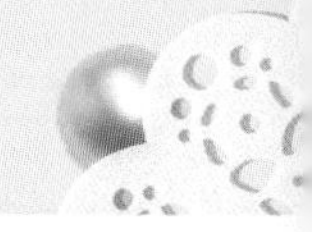

4.逆三角形型臉

特徵

逆三角臉型下頜輪廓是狹窄的，前額和頰骨是寬闊的。

服裝

逆三角型：類似心型，上額寬大、下顎狹小，是屬於理想的短形臉之一，所有的領子都適合。

髮型

- 中長度的髮型最合適。頭髮上面高而柔，兩邊膨鬆捲曲，最好不要用筆直短髮和直長髮等自然款式，適用的髮型以四六分為佳，以便減輕上部寬度對下巴的鮮明對比。
- 瀏海也儘量剪短些，並做出參差不齊的效果，露出虛掩著的額頭，轉移寬闊額頭的焦點。
- 髮長於下巴齊一，讓頭髮自然下垂內捲。
- 側分髮型較長一邊，做成波浪（Wave）略過額側。
- 增加下頷輪廓 (Jawline) 的寬度。
- 長髮高層次，在下巴 (Chin) 以下的長髮燙成捲曲（Curly）或微捲（Wavybouncy）。
- 髮型設計應當著重於縮小額寬，並增加臉下部的寬度。具體來說，頭髮長度以中長或垂肩長髮為宜，髮型適合中分瀏海或稍側分瀏海。髮稍蓬鬆柔軟的大波浪可以達到增寬下巴的視覺效果，更添幾分媚力。

在頸背 (Neck) 的髮長太短。

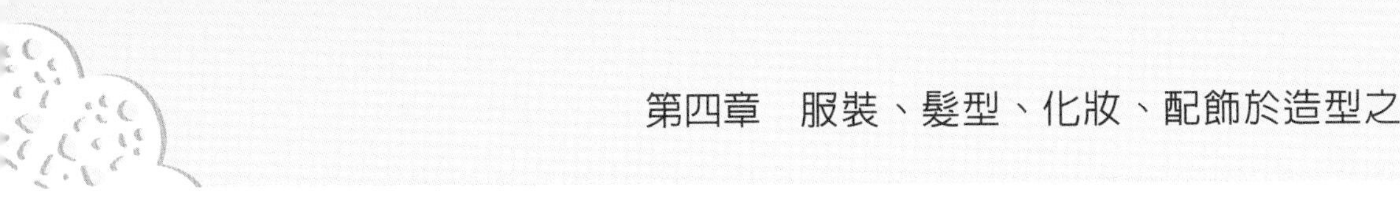

化妝

粉底：上額兩側以暗色修飾，下顎兩側以明色修飾。色彩：匀稱、自然。

腮紅：由顴骨方向往內橫刷，位置略高、稍短。色彩：匀稱、自然。

眉型：不適合直線眉或有角度眉。眉色：匀稱、自然。

唇型：下唇不宜太寬及太尖。色彩：匀稱、自然。

配飾

最速配飾品：水滴、葫蘆、橢圓形。

- 線條圓滑、沒有太多角度的飾品，才能修飾倒三角形臉，挑選下寬上窄的樣式，如：水滴、葫蘆、橢圓形或角度不銳利的形狀，項鍊最好是短鍊或頸圈，讓臉部線條圓潤。
- 避免角度明顯、銳利的飾品，如三角、星形，吊墜式耳環長度也不要剛好停在下巴位置。

5.菱型臉

特徵

前額和下頜輪廓是狹窄的。顴骨是寬闊或高的。

服裝

適合的領型：立體感荷葉邊外翻領、可以有效改善和緩和面部的尖銳輪廓，圓潤的領口在視覺上增強臉部的圓潤感，使得面部線條看起來不那麼尖銳。

不適合的領型：深 V 領開闊的深 V 型會加重臉部的尖銳感，在視覺上延長臉部線條，使得面部更顯纖長，更加強調尖銳輪廓。

髮型

最適合的髮型：是靠近面頰骨處的頭髮儘量貼近頭部，面頰骨以上和以下的頭髮則儘量寬鬆，瀏海要飽滿，可以使你的額頭看起來較寬。短髮要做出心型的輪廓，長髮要做出橢圓形的輪廓。

避免

短髮中層次髮型。平直的造型會使臉型更尖銳，也不要把兩邊頭髮緊緊地梳在腦後如：紮馬尾辨或高盤髮。

化妝

粉底：明暗色粉底，位置：上額、下顎兩側以明色修飾。色彩：勻稱、自然。

腮紅：以顴骨為中刷成圓弧型。色彩：勻稱、自然。

眉型：眉型避免有明顯眉峰，較平直為宜，眉長比眼尾稍長不宜太長。眉色：勻稱、自然。

唇型：唇峰不可太尖，下唇不宜太寬及太尖。色彩：勻稱、自然。

配飾

最速配飾品－水滴、葫蘆、橢圓形

線條圓滑、沒有太多角度的飾品，才能修飾倒三角形臉，挑選下寬上窄的樣式，如：水滴、葫蘆、橢圓形或角度不銳利的形狀，項鍊最好是短鍊或頸圈，讓臉部線條圓潤。

避免角度明顯、銳利的飾品，如三角、星形，吊墜式耳環長度也不要剛好停在下巴位置。

6.方型臉

特徵

前額寬廣，下巴顴骨突出，(前額明顯很寬)下頜寬又有角度。非常強烈的下頜輪廓及臉際線。

服裝

適合的領型：圓潤小 U 領、圓領

圓領可以平衡緩和方型臉稜角分明的輪廓，減緩過於明顯的線條；有細節設計的領口也可以緩和面部硬朗輪廓，讓面部看起來小巧精緻。

不適合的領型：稜角感的方臉型、菱形領線條分明的方形領口會將面部輪廓襯托的更加明顯，更加突出方形輪廓。

化妝

粉底：上額、下顎以暗色修飾（上額髮際至太陽穴，耳下至下顎角）。色彩：勻稱、自然。

腮紅：修飾位置：由顴骨方向往嘴角刷成狹長型色彩：勻稱、自然略圓。

眉型：有弧度（不可有角度或直線眉）。眉色：勻稱、自然。

唇型：唇峰不可太尖，下唇稍寬略呈船底型。色彩：勻稱、自然。

髮型

適合

自然大波浪捲髮是修飾方形輪廓的最好辦法，頂部儘量蓬鬆，有自然彎曲髮梢的偏分髮簾，會緩和方形臉堅硬的輪廓線。

瀏海的寬度變窄，長而碎的瀏海，使兩側的頭髮向內收攏，使整個臉型看起來變窄。

可以選擇中分或 4:6 偏分，正面的頭髮儘量鬆軟些，以暴露耳朵以下的面部輪廓。

髮型設計要設法從視覺上拉長臉型。

避免

頭髮中分，方向往後的髮型，幾何直線剪法的瀏海，因為這些都會更強調方型。

配飾

最速配飾品－圓滑＋弧度＋橢圓

選擇形狀圓滑有弧度的飾品，如：水滴、橢圓或長弧形，藉此平衡臉部角度，而珍珠、緞帶等材質都比鋼或銀飾來得理想，下巴偏長者可選短鍊。

避免

角度明顯、銳利的飾品

Point 不同風格與場合的造型分析設計

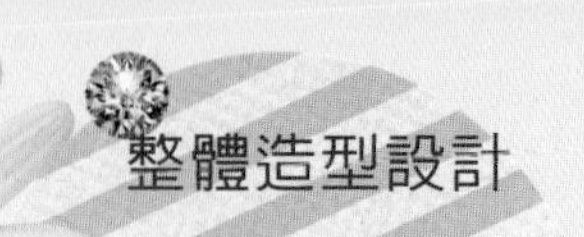

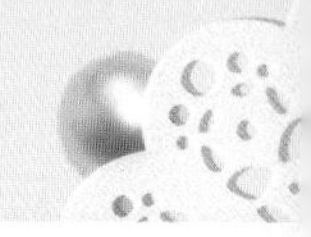

5-1 各種風格設計分析

以下將造型分為七大風格：清純甜美、叛逆青春、內斂優雅、時尚都會、色彩民風、民俗大地、性感豔麗等風格並將設計重點分析如下：

1. 清純甜美

給人可愛的感覺。運用齊長瀏海表現出活潑可愛，做出輕盈感。

2. 內斂優雅

氣質復古的。頭髮支力點在黃金點，把瀏海盤起來往上夾，表現高挑、現代感氣勢佳的感覺。

3. 時尚都會

走在流行頂端的粉領族。無分線、紮成簡單俐落的馬尾。

4. 叛逆青春

成長期特愛與人不同。自由發揮、大膽全染、或是色塊挑染。

5. 性感豔麗

大方突顯身材優點。華麗包頭、及腰微捲的長髮、捲長髮，垂放在胸前若隱若現自然又性感。

6 色彩民風

大膽玩顏色又不衝突。自然瀏海、波浪捲長髮、自然散落有線條。

7. 民俗大地

波西米亞風格的自然。中分無瀏海、波浪捲長髮。

5-1-1 清純甜美風格

設計重點

清純甜美風格是一般女孩子喜歡的可愛粉嫩感覺，造型的重點為頭頂兩側、單邊的側頭點、單邊的耳旁、頂部點，在這四點搭配直、捲髮融合運用。娃娃般的捲髮。

飾品：通常是以甜美雅緻的粉色系珍珠或寶石搭配有透明度的水晶，也可以粉色或桃紅色系的飾品為主。透明感的白色、果凍色系飾品或是鮮花，營造出純真乾淨的感覺。

參考服裝與配件

圓圓的公主袖、輕飄飄的小洋裝、蝴蝶結蛋糕裙、亮色系髮飾。

髮型

自然、不刻意吹整、可愛的妹妹頭、微捲長髮。

化妝

眼睛腮紅都圓圓的、以可愛感為主眼影清淡、自然地刷上睫毛膏配合粉嫩唇色淡妝粉色眼影。可加強要點：色彩著重在高明度的粉色系列。

線條

圓形圖案和線條紋路。

5-1-2 優雅高尚風格

設計重點

優雅風格第一個想到的就是奧黛麗赫本給人高貴、有品味的印象。中分的髮型及兩線瀏海曲線延伸，更營造優雅形象。

優雅髮型有：大波浪捲髮，蓬鬆感整個前額往後梳的包頭，髮型的特色就是線條感或大波浪捲髮為主。前髮斜側梳法的旁分設計也是復古瀏海設計之一。復古風格不少人都會想到過去的 60 年代，以包頭和復古髮髻款式是非常經典的髮型。

優雅風格飾品：通常是以精緻度為主，各種寶石排列成的繁複構圖，給人高雅的形象。

髮型

線條感或大波浪捲髮、往後梳的包頭。

線條

長、波浪、曲線 S 型線條。

化妝

色彩：

咖啡色、藕色系、能表達出穩重、內斂效果。咖啡色自然妝感

服飾

典雅、端莊型服裝。

配件

耳環、長掛式項鍊、金銀材質項鍊

5-1-3 時尚都會風格

設計重點

時尚就等同於流行，以當季流行趨勢，造型變化性相當大。蓬鬆自然為時尚髮型。現今流行為短髮的鮑伯頭，重視厚度跟蓬鬆度，捲度以微捲為主，時尚都會無分線、紮成簡單俐落的馬尾飾品：簡潔的造型金飾可搭配造型更時尚。

髮型

線條：長、波浪、曲線 S 型線條。梳理乾淨，把頭髮全部整起梳上不毛燥，綁成馬尾，呈現出高雅的氣息。

化妝

咖啡色、小煙燻、濃密的睫毛、蜜桃色口紅。色彩：銀色為主。

線條

簡單、俐落大方。黑、灰、白 線條：俐落、中性西裝、長褲、腰帶

配件

耳環、長掛式項鍊、金銀材質項鍊

服飾

雪紡紗、長裙、露背小禮服、別針、鑽石耳環、重視質感、款式簡單不花俏複雜。

5-1-4 青春叛逆風格

設計重點

獨特風格大家都認爲就是與衆不同，於是開始針對髮色、造型做改變，無論創造方向爲何，必定有存在美與醜之間難以界定的存在，能將美與醜兩種元素融合一起，就能呈現出獨特的美感。前衛的龐克風即爲獨特風格。

髮型

誇張的染髮、高層次的不規則髮型。

色彩

螢光粉、黑色、白色。

化妝

煙燻、誇張的顯眼顏色、帶有叛逆感。

線條

跳脫傳統、無規則感。

服飾

混搭、網襪、厚底短靴、鐵鍊包、銀飾類飾品。

配件

耳環、長掛式項鍊、金銀材質項鍊。

5-1-5 性感豔麗風格

設計重點

表示蓬鬆包頭為華麗風格，前額不需瀏海、兩側梳蓬，整體的頭髮造型成橢圓型。

飾品：華麗風格則是以貴族、有錢人，最具代表性的就是法國古代的貴族，以奢華、精緻為主。華麗風格當中最被女孩們喜愛的款式就是由排鑽為主要設計，或是用碩大寶石與淡色系寶石作搭配。

髮型

線條：長、波浪、曲線 S 型線條。及腰的捲髮、包頭、刮鬆的髮型

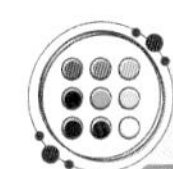

色彩

以彩度較高的顏色為主，例如大紅、金色、黑色、豹紋、暖色系列。

化妝

大紅、金色自然妝感，乾淨明亮的眼妝。

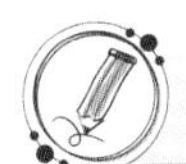

線條

強調身體的線條及三圍服裝與配件：布料整體上都不多，半透明材質例：豹紋、皮革、網襪、蕾絲等。

服飾

合身的剪裁顯現性感的三圍、高岔設計讓美腿露出、緞面蕾絲材質為布料選擇。

配件

耳環、長掛式項鍊、金銀材質項鍊、

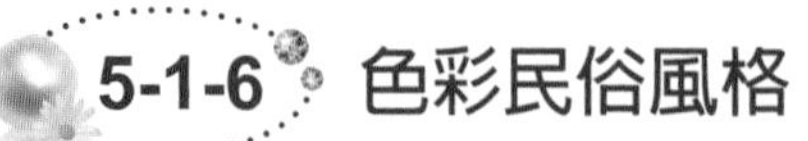

5-1-6 色彩民俗風格

設計重點

色彩以黃色、紅色、暖色系且色彩非常飽和。線條為寬鬆、剪裁簡單、飄逸。

服裝與配件：服裝和配件做同色系的搭配、誇張的耳環及手飾帶有民俗風的感覺。以暖色系為主線條：深 V 領、寬鬆

髮型特色：多以捲髮呈現、頭髮自然散落、利用花朵的飾品作搭配。

化妝特色：大地色彩呈現自然妝感、唇彩也不過於誇張用色、整個妝感表現健康膚質、有裸妝的感覺。

髮型

無瀏海 + 長辮子髮型特色：中分、整齊平貼的長髮。

化妝

咖啡色自然妝感乾淨明亮的眼妝。

服飾

合身的剪裁顯現性感的三圍、緞面蕾絲材質為布料選擇

色彩

高彩度、飽和色系、三原色 (紅黃藍)

線條

線條寬鬆、不修邊幅、流蘇。

配件

棉麻、皮革、羽毛、動物骨骼、繡花、花鳥圖案

5-1-7 民俗大地風格

大地民俗色彩主要以深咖啡和墨綠色為主線條：線條不規則，寬鬆、流蘇。

服裝與配件以棉質、麻布

髮型：無瀏海，中分、辮子、髻。

色彩：可加強黃色、紅色、白色系的運用。

化妝特色：橘色系的裸妝。

線條：線條寬鬆。

服裝與配件：繁複的多層次服飾，頭飾、腰飾、耳飾、項飾、胸飾、手飾等。

髮型

辮子、扭轉。

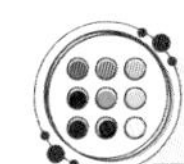

色彩

土黃色、金色、咖啡色、墨綠色、暗紅色、黑色

化妝

高彩度的彩妝，有如春夏的氣息。

線條

線條寬鬆、自然隨性。

服飾

棉質,麻布繁複的多層次圖騰服飾，頭飾、腰飾、耳飾、項飾、胸飾、手飾等。

配件

羽毛、頭巾。

5-2 不同職場的造型設計

職場造型

不同場合上的禮儀，穿著得體、適當的裝扮，會為你的造型加分，你的人際關係，也會通行無阻，在工作上與日常生活中，不可諱言的，造型對每個人來說確實是占有非常重要的地位。你是否注意到，不管是在休閒、工作場合，或是各類型的聚會中充滿自信，給人的印象都很正面，正確的妝扮你也可以是個具有個人風格的人。而在工作場合中，打理好適合自己的專業形象後，工作上會擁有更多的機會，在心理學上來講，你自己也會更專注於工作上，當你的「形象」對了，你的說服力大增，因此便可以輕鬆的提升你的競爭力！

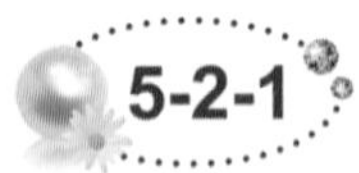

5-2-1 各種職場的造型分析

服儀穿著

· 最保守職業 →為法律、政府公家機構、金融理財、會計師、企管顧問

· 較保守→高等教育、醫藥、觀光業、保險

· 較自由→高科技、社會工作、公關、中等與初級教育、補習教育

· 最自由→流行時尚、設計行業、傳播、藝術、廣告、表演

彩妝設計程序

1 完美底妝粉底：用接近膚色的粉底液，可加入的亮澤保溼精華調和來增加膚質透明感。

2 遮瑕：在黑眼圈、斑點及痘痘的地方，塗上比膚色淺一色的遮瑕膏來做修飾。

3 定妝：可選含亮澤的蜜粉，用輕拍按壓的方式做定妝，可使妝更貼更完美。

4 有神眼妝：眉毛選用近眉色(髮色)的眉餅或眉筆，均勻的刷上，自然最好。

5 眼影：先以眼影膏打底整個上眼皮，再塗上今年春夏流行的粉紅色系或柔和大地色系，眼頭的部位可先刷上珍珠白，上眼皮沾粉紅色系或淺米黃色系刷至眼尾，眉骨打亮。

6 眼線：可在上眼皮近睫毛根部，畫上深色的隱形眼線，柔和眼部線條，下眼瞼可畫上白色眼線，增加眼睛亮度。

7 睫毛膏：可利用濃密纖維的睫毛膏來增加東方人的睫毛長度及濃密感，讓整體氣色顯得有朝氣。

8 腮紅及修容：刷上蜜桃色的腮紅刷在顴骨上，增加氣色紅潤感。

9 唇膏：先塗上蜜桃粉色系唇膏，再以按壓的方式刷上亮澤唇彩或唇蜜在中間即可。

髮型設計注意事項

髮型不僅要與臉形配合，還要和年齡、體形、個性、衣著、職業要求相配合，才能體現出整體美感。求職首先忌顏色誇張怪異的染髮，男性忌長髮、光頭；其次，髮型要根據衣服正確搭配，如穿套裝，最好將頭髮盤起來，這樣才顯精神。

根據應聘的不同職業，髮型也應有所差異。比如應聘空姐，盤發較適宜；而藝術類工作對髮型的要求寬泛一些，適當染一點色彩或者男生留略長一點的頭髮也可以接受。但不管設計梳理什麼髮型，都應保持頭髮的清潔。

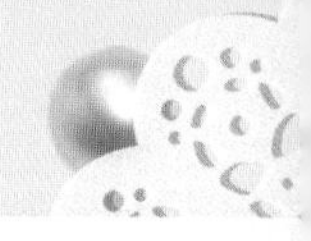

5-2-2 各種行業造型設計

時尚業

適合應徵行業：時尚、美容、流行、傳播、公關等領域之工作者。

希望給人有活力、有朝氣、時尚專業的形象。表現流行感卻又不會誇張或標新立異。

叛逆彩妝，大膽不失前衛。黑色亮粉眼影 + 棕色眉毛 + 棕紅腮紅 + 淺膚色唇膏。建議加強運用眼線勾勒出自信時尚的氣息！

不論是髮廊、彩妝專櫃沙龍，對美的標準都很高，你要有膽量嘗試常規的色彩，更新你的面容吧！

服務業

重點在簡單表現出怡人好氣色，給人清新、自然、聰明伶俐可信賴的感覺。

清爽彩妝，平易不失神秘：暖黃眼影＋粉紫唇膏＋無光唇彩，常與人接觸的服務業，一張潔淨清爽的臉，是必要的，妝要乾淨不需前衛。

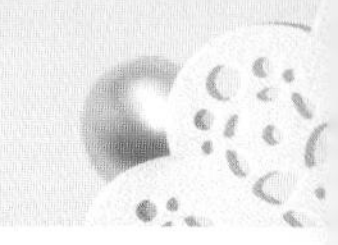

金融業

精明彩妝，自信不失沉穩：咖啡眼影＋珊瑚腮紅＋咖啡唇膏，專業、精明、成熟，是想跨入金融業的你適合塑造的形像。所以眼妝的技法就成為一大重點，不妨把眉毛畫得稍高一些，讓自己的形像更精明，眼線也應向上提位，眼影則以沉穩的咖啡色來讓你的眼神流露出藏不住的自信。

傳媒業

粉嫩彩妝，流行不失風格：粉綠眼影＋桃紅腮紅＋桃紅唇膏，什麼樣的彩妝面貌，能讓你在傳媒業如魚得水？最流行行業當然要畫最流行的妝，最時尚的「粉嫩妝」，跳亮的粉綠色眼影，與「當紅」的桃紅色腮紅做搭檔，帶動整體的流行感，強調唇部與腮紅共一色，讓桃紅色的魅惑極度放縱。

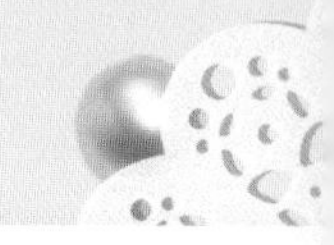

資訊業

適合應徵行業：高科技、電腦、資訊業、等領域之工作者。在腳步迅速的資訊業裡打拼，明快、有效率的行事風格，是成功的關鍵。

效率彩妝，明快不失天真：透明睫毛膏 + 天藍眼影 + 粉紅腮紅 + 橘色珠光唇膏。

教育業

自然彩妝，親切不失威嚴：粉色系眼影＋膚色腮紅＋粉色系珠光唇膏，今年彩妝界流行的「自然妝」，正好適合春風化雨的教師。若有似無的粉底上，以中規中矩的紫色眼影占領眼妝，搭配與膚色相去不遠的腮紅，加上有點變化的珠光膚色唇膏，讓你的彩妝端莊卻不失活力，親切卻不失威嚴。

Point

休閒與正式場合的造型設計實作

6-1 甜美俏麗風

6-2 帥氣瀟脫風

6-3 時尚風

6-4 俐落典雅風

6-5 俏麗典雅風

6-6 時髦帥氣風

6-7 浪漫優雅風

6-8 典雅復古風

6-9 時尚設計風

6-10 正式宴會風

6-11 都會風情風

6-12 端莊內斂風

6-1 甜美俏麗風

6-1-1 造型技巧解析

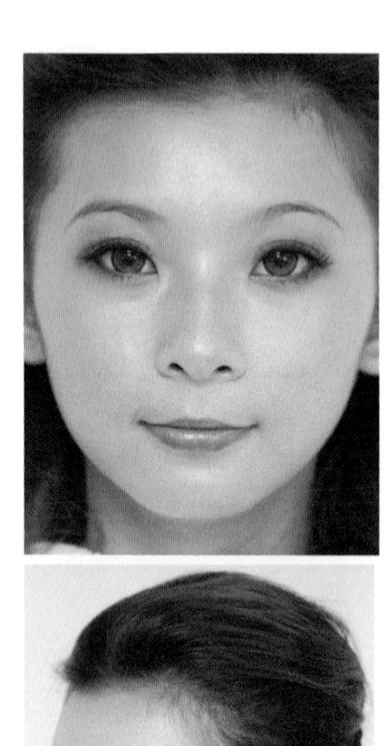

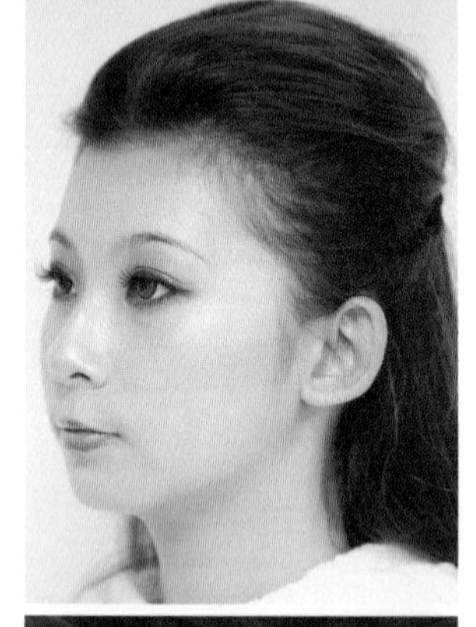

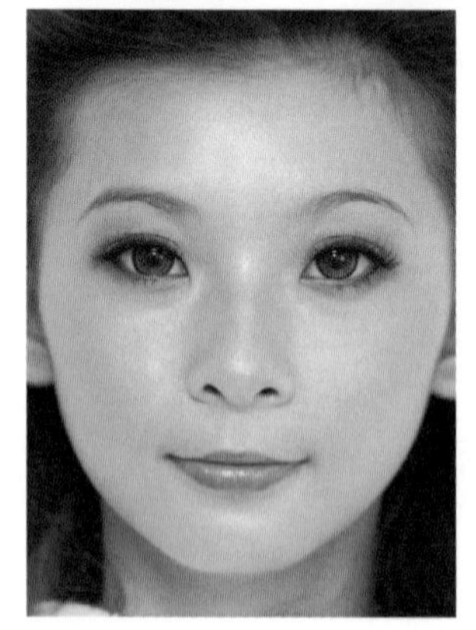

適合

休閒與外出

服裝風格

以自然簡約風格與美式休閒品味為基調，不一味追求流行潮流，與其他流行服飾截然不同。

白色為主色系（代表輕快、爽朗），搭配藍色（代表智慧、端莊）呈現簡約休閒的風格。

6-1-2 造型分析圖 (A)

服飾品

1. 衣服白色休閒 T 恤、短裙
2. 黑色魚口低跟高跟鞋
3. 淺咖啡色斜布包
4. 手錶

髮型技巧說明

髮型工具

吹風機、刮梳、毛夾、定型液、九排梳尖尾梳

操作過程

1. 先將頭髮分兩區。
2. 再以九排梳把頭髮吹亮。
3. 用刮梳將頭頂區以刮梳，依頭型逆梳刮澎以增加髮量。
4. 再把耳上取一小髮束區拉至後頭部以旋轉再往前推出澎度並以毛夾固定。
5. 把頭頂刮澎處，以尖尾梳亮調整前面弧度。
6. 髮型完成後噴上定型液就完成了。

化妝技巧說明

化妝工具

基礎保養品、筆刷組、眼影、蜜粉、粉底、唇蜜、腮紅、眉筆、眼線筆、假睫毛

粉底化妝

基礎保養後，取出適量嫩白色粉底液，依序額頭、鼻子、臉頰、下巴均勻塗抹全臉。

再以海棉沾取適量靚白色保溼粉餅塗抹均勻。

眼部化妝

眼影

1. 以適量粉紅色眼彩筆，由眼窩至眼尾處逐次輕輕畫於睫毛根處。
2. 再以眼影棒均勻推展，最後於眉骨處以銀色眼彩筆畫出明亮立體的眼妝。

眉毛

以咖啡色與黑色眉筆，先依序由眉中眉尾畫出標準眉型，再以眉刷刷均勻。

眼線

以黑色眼線筆畫好，輕輕畫出自然流暢，上下眼線增強眼睛輪廓。

睫毛

沾取適量黑色睫毛膏，刷於睫毛處使睫毛根部濃厚、尾端無限延伸。夾翹睫毛（或裝上假睫毛）創造迷人的眼神。

腮紅

以腮紅（粉紅色）輕輕刷出健康紅潤膚色。

口紅

先以蜜桃色唇膏描畫出輪廓線，再以粉紅唇蜜塗抹於唇中，增加立體光澤。

眼影化妝分析圖

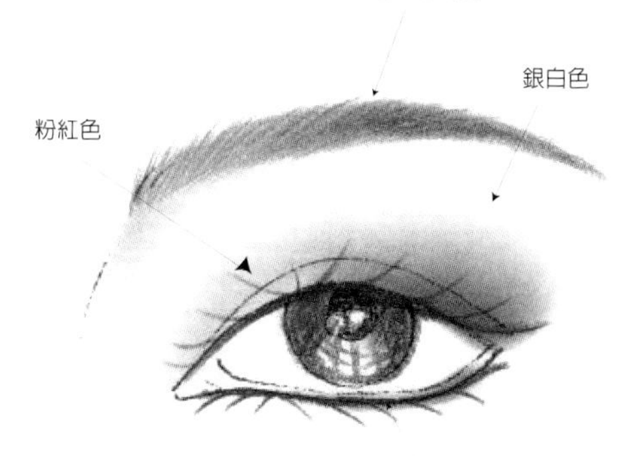

6-1-3 造型分析圖 (B)

服飾品

服裝

- 白色短袖休閒 T 恤 + 黑色小可愛 + 黑色背心 + 牛仔短褲
- 項鍊、手錶
- 灰色半筒靴

適合

夏天休閒與外出

服飾品

服裝

- 淺藍色長袖羊毛 T 恤 + 灰色中長風衣 + 牛仔長褲
- 圖紋圍巾、黑色中型皮包
- 黑色包頭鞋 + 咖啡色皮草襪套

適合

冬天上與外出班

6-2 帥氣灑脫風

6-2-1 造型技巧解析

適合

休閒與外出

服裝風格

為 20 ～ 28 歲的年輕女性上班族所打造的造型，強調全方位的流行組合搭配設計。

多層次的搭配，給人年輕、活潑的印象。

6-2-2 造型分析圖 A

服飾品

衣服

銀灰色休閒 T 恤、黑色短外套、短褲

圖紋圍巾

飾品

墨綠金色絨包

黑色長筒靴

髮型技巧說明

髮型工具

吹風機、電捲棒、刮梳．毛夾、定型液、尖尾梳

1. 在頂部點、黃金點、後頭部等以電棒作出適中的捲度波浪
2. 先將頭髮分前後兩區。
3. 用刮梳將前區與瀏海逆梳刮澎，往上梳，用毛夾固定。
4. 把頭頂刮澎處，以尖尾梳梳亮調整前面弧度。
5. 最後噴上定型液，作定型。

化妝技巧說明

化妝工具

基礎保養品、筆刷組、眼影、蜜粉、粉底、唇蜜、腮紅、眉筆、眼線筆、假睫毛

粉底化妝

1. 取出適量靚白色粉底液，依序額頭、鼻子、臉頰、下巴均勻塗抹全臉。
2. 再以粉撲沾取適量自然色蜜粉撲勻全臉。

眼部化妝

眼影

1. 先以銀白色筆適量畫於眼頭灰色於眼尾三分之二處，逐次推勻再以黑色畫於睫毛根處。
2. 再以眼影棒均勻推展，最後於眉骨處以銀白色眼影畫出明亮立體的煙燻眼妝。

眉毛

以深咖啡色、黑色眉筆、先依序由眉中、眉尾畫出標準眉型再以眉刷刷均勻。

眼線

以咖啡色眼線筆輕輕畫出自然流暢眼睛輪廓。

睫毛

沾取適量黑色睫毛膏，刷於睫毛處使睫毛根部濃厚、尾端無限延伸，夾翹睫毛（或裝上假睫毛）創造迷人的眼神。

腮紅

以腮紅（粉紅色）輕輕刷出健康紅潤膚色。

口紅

先以柿紅色唇膏描畫出輪廓線，再以香檳色唇膏塗抹於唇中增加立體光澤。

眼影化妝分析圖

黑、咖啡色

銀白色

灰色

黑色

6-2-3 造型分析圖 (B)

服飾品

服裝

· 白色短袖休閒 T 恤 + 牛仔深藍色七分褲

· 金黃色球鞋

適合

春天運動休閒與郊遊

服飾品

服裝

· 灰藍色五袖分袖上衣 + 灰色中長風衣背心
　+ 短裙 + 灰色採褲

· 圖紋圍巾、黑色中型皮包、項鍊

· 平底黑色休閒皮鞋

適合

秋天休閒與外出

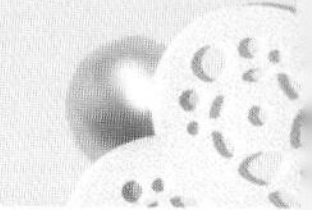

6-3 時尚風

6-3-1 造型技巧解析

適合

休閒與外出

服裝風格

勇敢的騎士風、中世紀風

誇張趣味設計來表現中世紀哥德風格。

基本色：黑色、駝色、麻灰色、深藍色、咖啡色。

6-3-2 造型分析圖 (A)

配飾品

衣服

黑白加深藍色條紋休閒 T 恤

麻灰色一件式褲裝

飾品

咖啡色皮帶

咖啡色短筒靴

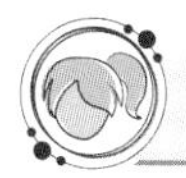

髮型技巧說明

髮型工具

吹風機、九排梳、毛夾、定型液、尖尾梳

1. 先將頭髮瀏海分前後兩區。
2. 以吹風機、九排梳將後區頭髮整吹出柔亮度直髮。
3. 將頂部點至後頸部全部頭髮梳理整齊
4. 於頂部與黃金點綁一馬尾。
5. 以尖尾梳將馬尾分髮片以旋轉花片裝飾，以毛夾固定呈現自然髮髻。
6. 將整齊瀏海吹亮後斜分。
7. 最後噴上定型液，作定型。

化妝技巧說明

化妝工具

基礎保養品、筆刷組、眼影、蜜粉、粉底、唇蜜、腮紅、眉筆、眼線筆、假睫毛

粉底化妝

1. 取出適量自然色粉底液，依序額頭、鼻子、臉頰、下巴均勻塗抹全臉。
2. 再以粉撲沾取適量自然色，蜜粉撲勻全臉。

眼部化妝

眼影

1. 以金棕色眼彩筆適量，由眼窩眼尾處逐次輕輕畫上於眼尾三分之二處，再以咖啡色畫於睫毛根處。
2. 再以眼影棒均勻推展最後於眉骨處，以銀白色眼彩筆畫出明亮立體的眼妝。

眉毛

以咖啡色黑色眉筆，先依序由眉中、眉尾畫出標準眉型再以眉刷刷均勻。

眼線

以咖啡色眼線筆輕輕畫出自然流暢眼睛輪廓。

睫毛

沾取適量睫毛膏，黑色刷於睫毛處使睫毛根部濃厚、尾端無限延伸，夾翹睫毛（或裝上假睫毛） 創造迷人的眼神。

腮紅

以腮紅（橘紅色）輕輕刷出健康紅潤膚色。

口紅

先以山茶色唇膏描畫出輪廓線，再以珠光銀白色唇蜜塗抹於唇中增加立體光澤。

眼影化妝分析圖

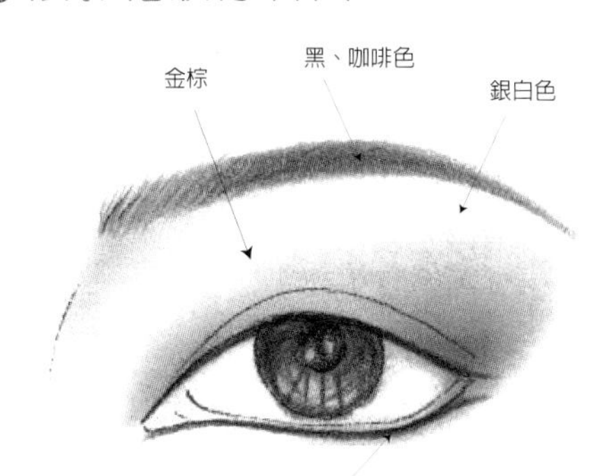

6-3-3 造型分析圖 (B)

服飾品服飾品服裝

- 紅線條 + 白色一件式短袖洋裝
- 卡其色為主紅條紋休閒袋
- 白色魚口厚跟鞋

適合

夏天休閒與上班服裝

服飾品服飾品服裝

- 白色短袖上衣 + 黑底色白點短裙 + 黑底色線條採腳褲
- 普普風圖格紋圍巾
- 平底黑色休閒皮鞋

適合

秋天休閒與外出

6-4 俐落典雅風

6-4-1 造型技巧解析

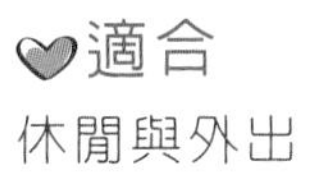

適合

休閒與外出

服裝風格

學院休閒為主

Logo 設計來源是以「美洲大角鹿」為精神。大角鹿代表著原始、自然、不受拘束，而將其元素融入至品牌設計理念以自然簡約風格與美式休閒品為主要設計。

6-4-2 造型分析圖 (A)

配飾品

衣服

‧深藍色為主色領子以紅白條紋休閒兩穿式洋裝與中 T 恤

‧深藍色直統牛仔七分褲

飾品

‧深藍色為主紅白條紋休閒袋

‧黑色魚口高跟鞋

髮型技巧說明

髮型工具

吹風機、排骨梳、定型液、尖尾梳電捲棒、刮梳

1. 先將髮尾上過捲子。
2. 在髮根以刮梳、逆梳刮出自然且富有層次感的蓬鬆造型。
3. 以吹風機、排骨梳將表面頭髮，整吹出柔亮自然的線條。
4. 將整齊瀏海吹亮。強調圓潤而飽滿的 Bob 髮型。
5. 最後噴上定型液，作定型。

化妝技巧說明

化妝工具

基礎保養品、筆刷組、眼影、蜜粉、粉底、唇蜜、腮紅、眉筆、眼線筆、假睫毛

粉底化妝

1.取出適量健康色粉底液依序額頭、鼻子、臉頰、下巴均勻塗抹全臉。
2. 再以粉撲沾取適量自然色蜜粉撲勻全臉。

眼部化妝

眼影

1. 以銀白色眼彩筆適量由眼頭至眼尾輕輕塗上，再以灰色於睫毛根處逐次以眼影棒均勻畫出漸層感。
2. 再最後於眉骨處以銀白色眼彩筆畫出明亮立體的眼妝。

眉毛

以灰黑色眉筆，依序由眉中、眉尾畫出標準眉型，再以眉刷刷均勻。

眼線

以灰色眼線筆輕輕畫出自然流暢眼睛輪廓。

睫毛

沾取適量濃密纖長睫毛膏，黑色刷於睫毛處使睫毛根部濃厚、尾端無限延伸，創造迷人的眼神。

腮紅

以腮紅(粉紅色)輕輕刷出健康紅潤膚色。

口紅

先以山茶色唇膏描畫出輪廓線，再以唇膏香檳塗金抹於唇中增加立體光澤。

眼影化妝分析圖

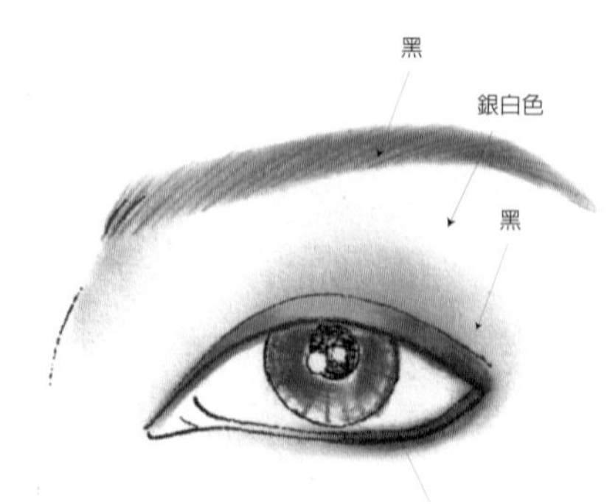

6-4-3 造型分析圖 (B)

服飾品

服裝

灰色長袖休閒 T 恤 + 休閒帽外套 + 墨綠色七分褲

飾品

項鍊

平底黑色休閒鞋

適合

秋天休閒與外出

服飾品

服裝

- 灰色高領長袖休閒 T 恤 + 牛仔外套 + 深墨綠短褲
- 咖啡色中型斜包
- 黑色褲襪
- 咖啡色包頭鞋 + 墨綠色皮草襪套

適合

冬天上班與外出

6-5 俏麗典雅風

6-5-1 造型技巧解析

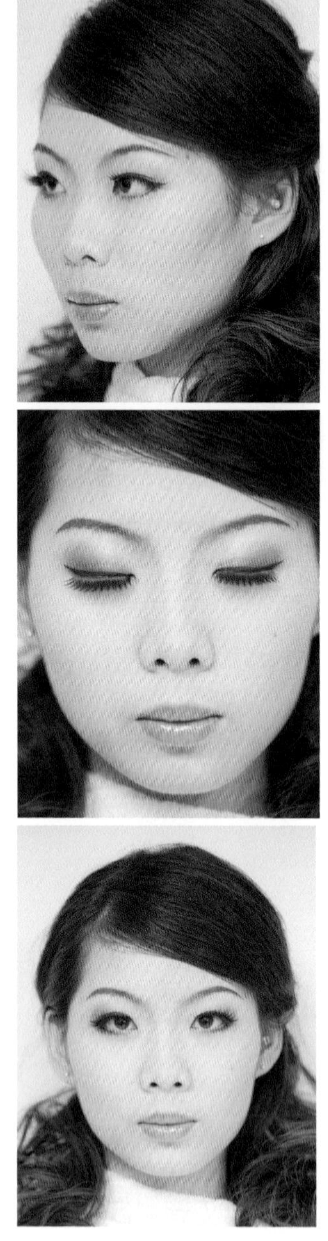

適合

各種場合

服裝風格

都會女性的精緻風情

輕盈素材的薄襯衫，特別適合整天在冷氣房的 OL 族穿著。黑色 A 字裙，簡單的搭配，沒有制服套裝的呆板和一陳不變的感覺。

6-5-2 造型分析圖 (A)

配飾品

衣服

紅色襯衫＋黑色短裙

飾品

・淺咖啡色為主紅條紋休閒袋

・黑色厚跟高跟鞋

髮型技巧說明

髮型工具

吹風機、電捲棒、刮梳、毛夾、定型液、尖尾梳

1. 在頂部點、黃金點、後頭部等以電棒作出大捲度波浪。
2. 先將頭髮瀏海分前後兩區。
3. 於黃金點夾或綁出一公主頭，注意後頭部大捲度波浪之美感。
4. 以吹風機、排骨梳，將瀏海以四六等份分斜線吹整出亮度。
5. 最後噴上定型液，作定型。

化妝技巧說明

化妝工具

基礎保養品、筆刷組、眼影、蜜粉、粉底、唇蜜、腮紅、眉筆、眼線筆、假睫毛

粉底化妝

1. 取出適量自然色粉底液，依序額頭、鼻子、臉頰、下巴均勻塗抹全臉。
2. 再以粉撲沾取適量自然色蜜粉撲勻全臉。

眼部化妝

眼影

1. 以金棕色眼彩筆適量，由眼窩至眼尾處逐次輕輕畫上，再以咖啡色畫於睫毛根處。
2. 再以眼影棒均勻推展，最後於眉骨處以銀白色眼彩筆畫出明亮立體的眼妝。

眉毛

以咖啡色黑色眉筆，先依序由眉中、眉尾畫出標準眉型再以眉刷刷均勻。

眼線

以咖啡色眼線筆輕輕畫出自然流暢眼睛輪廓。

睫毛

沾取適量睫毛膏，黑色刷於睫毛處使睫毛根部濃厚、尾端無限延伸，夾翹睫毛（或裝上假睫毛）創造迷人的眼神。

腮紅

以腮紅（橘紅色）輕輕刷出健康紅潤膚色。

口紅

先以山茶色唇膏描畫出輪廓線，再以珠光銀白色唇蜜塗抹於唇中增加立體光澤。

眼影化妝分析圖

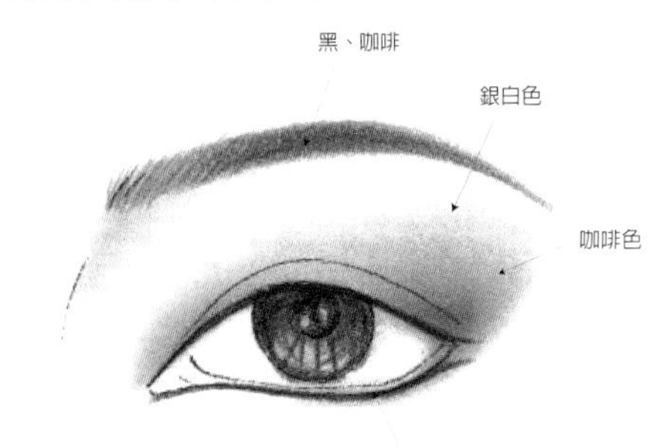

6-5-3 造型分析圖 (B)

服飾品

服裝

咖啡格紋長袖 + 可可色毛背心 + 深藍色牛仔長褲 + 腰帶

飾品

- 項鍊
- 咖啡色中型斜包
- 咖啡色短筒靴

適合

冬天上班與外出

服飾品

服裝

灰色圓領短袖休閒 T 恤 + 深藍色吊帶短褲

飾品

- 紅色項鍊小飾包
- 灰黑色及膝襪
- 黑色休閒鞋

適合

秋天休閒與外出

6-6 時髦帥氣風

6-6-1 造型技巧解析

適合

上班與外出、自由業、創意、傳播業、廣告業。

服裝風格

活潑又有活力年輕組合

年輕族的 OL，有時可以穿的青春活潑一點，一件簡單有 V 領短背心，搭深色緊身褲，就能散發與衆不同的年輕氣息。輕鬆舒適的 OL 裝扮讓上班心情也跟著很輕鬆。

6-5-2 造型分析圖 (A)

配飾品

衣服

針織襯衫 + 緊身褲 + 蕾絲短裙 + 背心

飾品

· 圖紋圍巾

· 白色長筒靴

髮型技巧說明

髮型工具

吹風機、電捲棒、刮梳、毛夾、定型液

1. 先將頭髮瀏海、分前後兩區。
2. 在頂部點、黃金點、後頭部等以電棒作出適中的捲度波浪。
3. 於頂部與黃金點綁一馬尾。
4. 將頂部點至後頸部中的捲度波浪梳理出有層次感捲度。
5. 將整齊瀏海吹亮後斜分。
6. 最後噴上定型液，作定型。

化妝技巧說明

化妝工具

基礎保養品、筆刷組、眼影、蜜粉、粉底、唇蜜、腮紅、眉筆、眼線筆、假睫毛

粉底化妝

1. 取出適量靚白色粉底液依序額頭、鼻子、臉頰、下巴均勻塗抹全臉。
2. 再以粉撲沾取適量自然色蜜粉撲勻全臉。

眼部化妝

眼影

1. 先以銀白色筆適量畫於眼頭，灰色於眼尾三分之二處逐次推勻，再以黑色畫於睫毛根處。
2. 再以眼影棒均勻推展，最後於眉骨處以銀白色眼影畫出明亮立體的煙燻眼妝。

眉毛

以深咖啡色或黑色眉筆，先依序由眉中、眉尾畫出標準眉型再以眉刷刷均勻。

眼線

以咖啡色眼線筆輕輕畫出自然流暢眼睛輪廓。

睫毛

沾取適量黑色睫毛膏，刷於睫毛處使睫毛根部濃厚、尾端無限延伸，夾翹睫毛（或裝上假睫毛）創造迷人的眼神。

腮紅

以腮紅（粉紅色）輕輕刷出健康紅潤膚色。

口紅

先以柿紅色唇膏描畫出輪廓線再以香檳色唇膏塗抹於唇中增加立體光澤。

眼影化妝分析圖

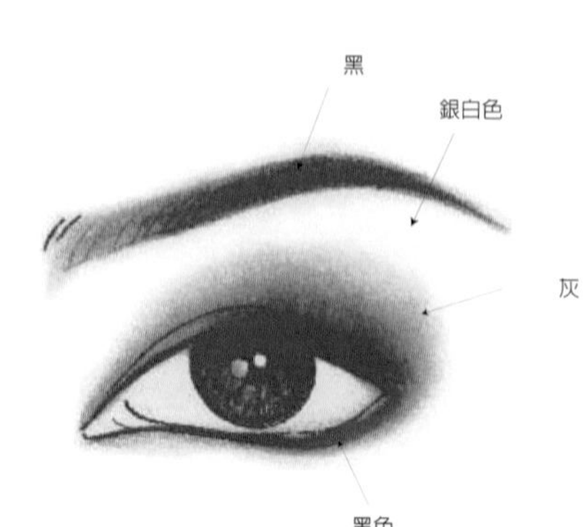

6-5-3 造型分析圖 (B)

服飾品

服裝

咖啡＋白色條紋一件式短毛洋裝＋黑色緊身褲

飾品

‧咖啡色中型斜包

‧黑色高跟鞋

適合

秋天上班與外出

服飾品

服裝

灰色休閒 T 恤＋牛仔短褲＋黑白條紋緊身褲＋灰色短外套

飾品

‧咖啡格紋圍巾

‧黑色休閒鞋

適合

冬天休閒與外出

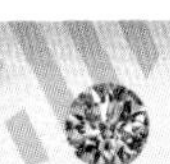

6-7 浪漫優雅風

6-7-1 造型技巧解析

適合

各種場合

業務、行政人員、服務業。

服裝風格

很有女人味的優雅打扮單品 Office Lady 一定要很會搭配單品，如此才能達到一衣多穿效果。

圓領短袖上衣是一件四季都容易搭配的絕佳單品，搭配短裙，俐落而有型。

6-7-2 造型分析圖 (A)

配飾品

衣服

圓領袖上衣 + A 字裙

· 黑色厚跟高跟鞋

髮型技巧說明

髮型工具

梳子、逆梳、中型電棒、造型噴霧、橡皮圈毛夾、尖尾梳、定型液。

1. 瀏海到頂部點分區。
2. 在頂部點、黃金點、後頭部等以電棒作出適中的捲度波浪。
3. 以三股編，從右邊編梳至左側邊。
4. 右側邊也編梳，作連結。
5. 把剩餘的頭髮逆梳，並抓出澎鬆與立體感。
6. 將瀏海以四六等份分斜線，吹整出亮度。
7. 噴定型液，定型。

化妝技巧說明

化妝工具

基礎保養品、筆刷組、眼影、蜜粉、粉底、唇蜜、腮紅、眉筆、眼線筆、假睫毛

粉底化妝

1. 取出適量嫩白色粉底液，依序額頭、鼻子、臉頰、下巴均勻塗抹全臉。
2. 再以粉撲沾取適量自然色蜜粉撲勻全臉。

眼部化妝

眼影

1. 以青綠色眼彩筆適量描畫眼頭與眼中間，以銀白色描畫眼尾處，再以青綠色眼彩筆逐次畫於睫毛根至眼尾處加強眼神。
2. 最後於眉骨處以銀白色眼彩筆畫出明亮立體的眼妝。

眉毛

以咖啡色黑色眉筆，先依序由眉中、眉尾畫出標準眉型，再以眉刷刷均勻。

眼線

以咖啡色眼線筆輕輕畫出自然流暢眼睛輪廓。

睫毛

沾取適量黑色捲翹睫毛膏，刷於睫毛處使睫毛根部濃厚、尾端無限延伸，創造迷人的眼神。

腮紅

以腮紅（粉紅色）輕輕刷出健康紅潤膚色。

口紅

先以淺橘色唇膏描畫出輪廓線，再以柿紅色唇膏塗抹於唇中增加立體光澤。

眼影化妝分析圖

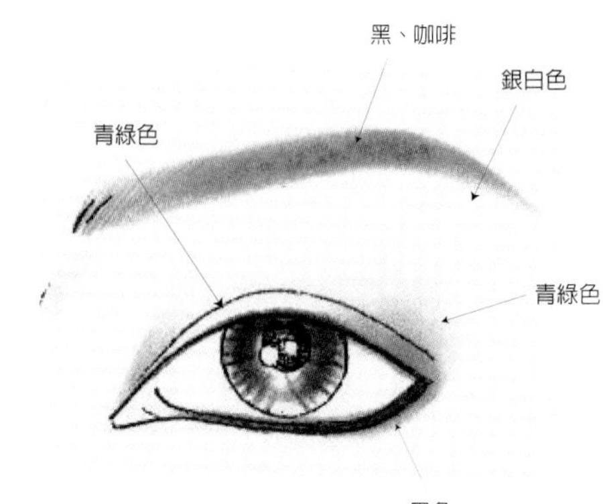

6-7-3 造型分析圖 (B)

服飾品

服裝

白色長袖長襯衫 + 鐵黑色緊身褲

飾品

- 格紋圍巾
- 黑色項鍊小飾包
- 咖啡色休閒鞋

♥適合

秋天休閒與外出

服飾品

服裝

墨綠色長袖休閒帽 T 恤 + 外套 + 鐵灰色短褲 + 墨綠色外套

飾品

- 咖啡格紋圍巾
- 黑色休閒鞋

♥適合

秋天休閒與外出

6-8 典雅復古風

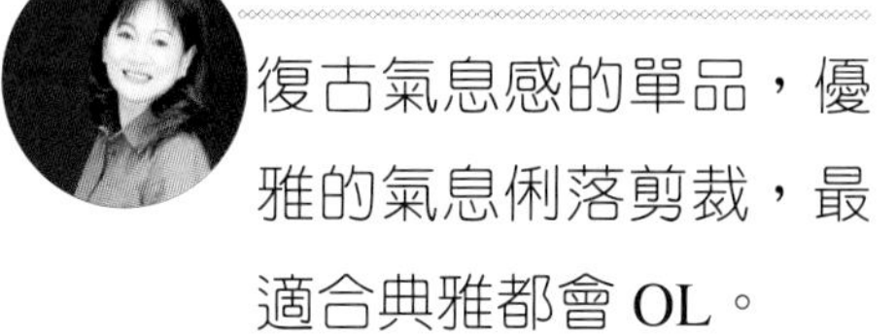

復古氣息感的單品，優雅的氣息俐落剪裁，最適合典雅都會 OL。

6-9 時尚設計風

流行感的灑脫搭配，黑白色是 OL 行頭中不能或缺的單品，最能搭出各種時尚風采。適合：創意、設計、採訪、流行相關行業。

6-10 正式宴會風

精緻高質感，蕾絲套裝給人沉靜、優雅、高貴的感覺。

6-11 都會風情風

簡單套裝是基本款，咖啡、米白都是必備色系。有腰身的復古西裝外套，搭同色七分褲，表現簡單的都會女性職場風格。適合：專業秘書族、白領女主管、服務業。

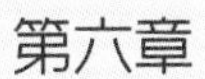

6-12 端莊內斂風

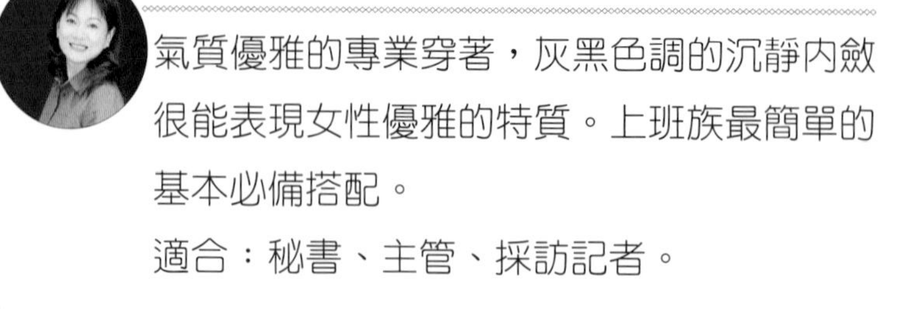

氣質優雅的專業穿著，灰黑色調的沉靜內斂很能表現女性優雅的特質。上班族最簡單的基本必備搭配。

適合：秘書、主管、採訪記者。

年代造型設計

7-1 埃及造型分析

7-1-1 造型分析

1. 服裝風格

由於古埃及地理位置封閉，尼羅河谷的農業生產足以自給自足，再加上埃及人獨特的宗教觀，形成一個超穩定、不太變化的社會系統。古埃及服飾在穩定的社會系統下，款式不多且變化也極為緩慢，而在服裝款式的特色如腰布：是男性主要的衣著、女性偶爾採用，腰布以長短、褶飾作變化並區隔階級地位。罩衫：埃及第十八王朝後才出現的服裝款式，男女通用。統狀束衣是女性主要的衣著，一般男性不採用、但為法老王及神祉的正式衣著。披肩：包裹式長衣。

圖 7-1　古埃及服裝特色

2. 髮型風格

埃及人不分男女都將頭髮剪至最短的長度，甚至將煩惱絲剃光，再戴上假髮，而假髮的長短與形狀是用以區分階級地位的。編辮子是一種受大衆歡迎的接髮方式，他們用接髮編織精緻的花樣，塑造出長髮款式及獨特的髮飾。古埃及人亦佩戴頭帶，或用象牙及金屬髮夾固定頭髮。新王朝時期的婦女會用鮮花及亞麻布帶子點綴髮型，蓮花是當時流行的髮飾，其後更發展成蓮花冠冕頭飾。

3. 化妝

埃及的彩妝中，在粉底的妝感上是採用埃及人原始的膚色，但在臉頰以及 T 字部位強調臉部修飾。埃及在妝感上強調濃眉大眼，粗黑線條的濃眉，搭上線條勾勒明顯的眼線，眼影配色在眼窩處採用大膽明顯色塊的眼影為埃及彩妝最大的特點。

· 1963 年代電影版的埃及彩妝：在當時還是黑白螢幕時，將埃及彩妝的重點放在濃眉以及色塊明顯的眼影上，在下眼線方面都配合著眼影上揚。而粉底修飾臉部更加明顯。

· 1980 年代電視埃及彩妝圖：這時期的埃及妝與 60 年代的差異不大，不同之處在於眼影的部份多了色彩，而唇色在此時逐漸改成裸色系。在粉底修飾上，依舊強調 T 字部位的立體，以及眼窩深邃的感覺，臉頰修飾一樣採用咖啡色系，並不會有紅色腮紅出現。嘴唇強調嘴型的飽滿和色彩的飽和度。

· 2007 年埃及彩妝圖：這時的埃及妝在整個色彩飽和度很高，但在眼影及唇色上依舊與膚色相同。強調的重點為眼部的眉毛和深邃的眼線。

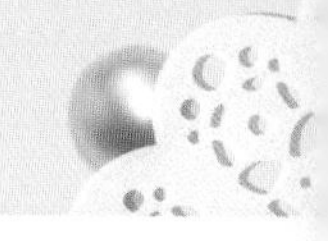

7-1-2 埃及豔后造型技巧解析

化妝技巧說明

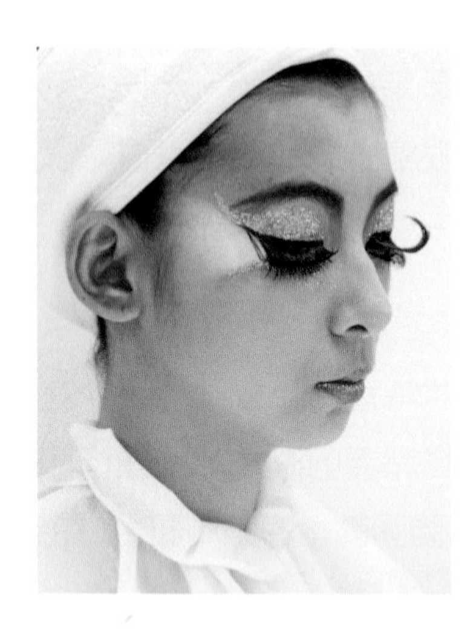

準備工具

基礎保養品、筆刷組、眼影、蜜粉、粉底、唇蜜、腮紅、眉筆、眼線筆、假睫毛

粉底化妝

1. 取出適量自然色粉底液，依序額頭、鼻子、臉頰、下巴均勻塗抹全臉。
2. 再以粉撲沾取適量自然色蜜粉撲勻全臉。

眼部化妝

上眼影

以適量的金色眼彩筆，由眼窩眼尾處逐次輕輕漸層畫上於整眼，再以金色亮粉輕按。

下眼影

先以銀白色眼彩筆，畫於下眼簾至太陽穴，再以眼影棒沾取白色亮粉輕按均勻，畫出明亮立體的眼妝。

眉毛

以黑色眉筆，先依序由眉中、眉尾畫出粗黑的標準眉型，再以眉刷刷均勻。

眼線

以黑色色眼液輕輕畫出自然流暢眼睛輪廓。

睫毛

沾取適量黑色睫毛膏，刷於睫毛處使睫毛根部濃厚，尾端無限延伸，夾翹睫毛後裝上假睫毛創造迷人的眼神。

腮紅

以腮紅（橘紅色） 輕輕刷出健康紅潤膚色。

口紅

以珠光銀白色唇蜜塗抹於唇中，可增加立體光澤。

髮型技巧說明

髮型準備工具

吹風機

九排梳

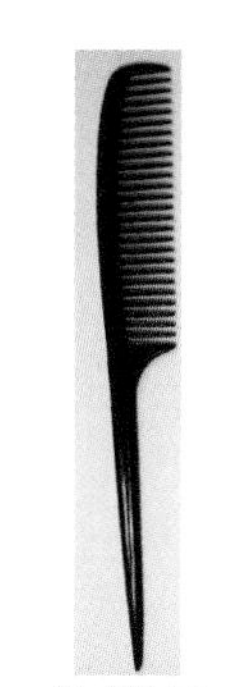
尖尾梳

毛夾

定型液

帽飾品準備工具

金銅鎖片、紅黃鑽、水晶、耳夾、粗銅線、鉗子、排扣。

1. 先將頭髮分區。
2. 以吹風機、九排梳將後區頭髮整吹出柔亮度直髮。
3. 最後噴上定型液，作定型。
4. 以製造完成的造型冠戴上。

以粗銅線架構一帽圈再以金銅鎖片以 AB 膠黏製將紅黃鑽、水晶裝飾完成。

服裝風格

黑色緊身衣 + 金色亮片布製作包裹式長衣。

7-1-3 造型分析圖

7-2 唐朝仕女造型分析

7-2-1 唐代造型分析

唐朝為中國古代史上最輝煌的黃金時期，蓬勃發展的經濟與文化締造出前所未有的貞觀之治與開元之治，在經濟繁榮以及對於外來文化相容並蓄的影響之下，當時女性十分重視妝扮。

在初唐時期，婦女的服裝是甚為保守的，婦女的短襦都用小袖，下著緊身長裙，裙腰高繫，一般都在腰部以上，有的甚至繫在腋下，並以絲帶繫紮，給人一種俏麗修長的感覺。在色彩和刺繡等方面，唐代的絲織品更是佼佼者。中唐時期的襦裙 (唐代婦女的主要服飾) 比初唐的較寬闊一些。此外，當時婦女的服飾亦有了很大的改革。

1. 唐代服裝風格

・大袖衫：此服飾應是中晚唐時期的樣式，並一直流傳到五代。以紗羅做女服的衣料是唐代服飾中的一個特色。中晚唐女服－寬袖對襟衫，長裙，批帛穿戴，此是中晚唐之際的貴族服飾，一般多在重要的場合穿著，如朝參禮見以及出嫁等。髮上還簪有金翠花鈿，所以又稱「細釵禮衣」。

2. 唐代髮型風格

唐代婦女的髮型有髻和鬟兩大類。髻是頭髮挽束在頭頂上，中間是實心的，髻上以簪釵等物貫連固定再插上梳子、鮮花和假花（牡丹、桃花、石竹花、梔子花、荼蘼花等）、翠勝、金鈿等頭面之物作為裝飾。鬟是將頭髮梳成中空的環形，多為未婚女子所梳。唐朝女子髮式高髻分二時期，盛唐的基本形式：雲髻、半翻髻、反綰髻、三角髻低髻；初唐的基本形式：墮馬髻、倭墮髻、練垂髻等。

3. 唐代化妝風格

唐代女子對於化妝極其講究，流行「三白化妝法」，額頭、鼻梁、下巴三處塗白，是其特色，那時流行畫濃暈蛾翅眉，高而上揚的眉型，更加增添了女子的風韻。不僅眉形畫法的種類繁多，而且眉間的裝飾也十分講究，她們常用金箔、黑紙片、魚腮骨、雲母片等材料，剪成各種花朵、桃子或是抽象圖案，貼在額頭上。到了晚唐、五代時期，女人更是把各種花、鳥畫在臉上或者畫在紙和娟上貼在面部，以示美麗。

古代的婦女崇尚嬌小欲滴的嘴型，唐代女性為了擁有像櫻桃一樣的紅唇，會在梳妝抹粉時，把嘴唇塗白，再用胭脂點出小巧的嘴型。這些愛美的唐代婦女不僅發揚了先前朝代之化妝技術，並開創衆多風氣之先。

圖 7-2　唐代仕女圖

7-2-1 唐朝仕女造型分析

化妝技巧說明

準備工具

基礎保養品、筆刷組、眼影、蜜粉、粉底、唇蜜、腮紅、眉筆、眼線筆、假睫毛。

粉底化妝

1. 取出適量自然色粉底液，依序額頭、鼻子、臉頰、下巴均勻塗抹全臉。
2. 再以粉撲沾取適量自然色蜜粉撲勻全臉。

眼部化妝

眼影

1. 以金與棕色眼彩筆適量，分別由眼窩頭金，眼尾三分之二棕色，逐次輕輕畫上。
2. 再以金咖啡色眼影畫於睫毛根處，畫出明亮立體的眼妝。

眉毛

以黑色眉筆，依序由眉中、眉尾畫出自然眉型，再以眉刷刷均勻。

眼線

以咖啡色眼線液輕輕畫出自然流暢眼睛輪廓。

睫毛

沾取適量黑色睫毛膏，刷於睫毛處，夾翹睫毛裝上假睫毛。

腮紅

以腮紅（粉紅色） 輕輕刷出健康紅潤膚色。

口紅

以紅色唇膏描畫出輪廓線，再點出小巧的嘴型塗滿顏色，再以以亮光唇蜜，塗抹於唇中增加立體光澤。

髮型技巧說明

髮型準備工具

電捲棒　　刮梳　　毛夾　　定型液　　尖尾梳

帽飾品準備用具

金銅鎖片、金銅簪釵、耳環、鉗子、黑及深咖啡髮束、尖尾梳、紅牡丹假花。

・金銅簪釵：以金銅鎖片以 AB 黏膠固定。

1. 在頂部點、黃金點、後頭部等以電棒作出適中的捲度波浪。
2. 先將頭髮分前後兩區。
3. 用刮梳將前區與瀏海逆梳刮澎，往上梳成髮髻狀。
4. 把頭頂刮澎處，以尖尾梳梳亮調整前面弧度，噴上定型液。
5. 將髮包先用棉花套入絲襪中塑型，再以黑及深咖啡髮束梳順於表面。

服裝風格

仿唐女服－寬袖衫長裙一套

7-3 清朝格格造型分析

7-3-1 清朝造型風格分析

1. **清朝服裝風格**

   清代滿漢婦女多穿裙裝和套褲，裙子以長裙為主，裙式多變。到了乾隆時代，因為國家富庶，滿人已明顯的漢化，因此滿族婦女也開始對漢族婦女的服飾產生倣效的情形。「格格」為滿語音譯，它僅限於對清代皇族女兒的稱呼，皇帝的女兒封為公主，稱固倫格格；親王女兒封為郡主，稱和碩格格；郡王女兒封為縣主，貝勒女兒封郡君，都稱多羅格格；貝子女兒稱格格。

2. **髮型風格**

   「大拉翅」流蘇比較正式的名稱叫做「條」，通稱垂總，明黃色是只有皇后和皇貴妃才能用，貴妃用金黃色，公主格格用大紅色，粉紅色是偏房小妾在用的。流蘇兩條代表未婚及已婚，未婚是兩條，已婚是一條；或者代表走路儀態之用處。

   黑色頭髮，前額戴眉勒，是鎦金壽字片，插銀鳳含珠釵或牡丹頭，絨布眉勒上裝飾牡丹花飾。

   帽子的髮型稱為「大拉翅」，出現於清末的旗人婦女之中，宮廷內外皆有。以黑色青緞製成，上頭加上花朵珠翠為裝飾。滿族旗人女子的髮型在乾隆以前大多是所謂的「小兩把頭」，就是在頭上先放置一個扁平的長方型物體，稱為「扁方」。然後在以真髮纏在上頭， 使髮型呈現橫長形狀，上再加綴一些花朵珠寶，旁垂流蘇，因為是真髮梳成，故基本上不能梳得太高聳誇張。原本的小兩把頭也在長度和裝飾上有所改變，變成在後腦上方以一種新的梳頭工具髮架來固定，髮架有木製也有鐵絲塑成的，梳頭時先放上髮架，把頭髮分成左右兩把，分別綰在髮架上以真髮參雜假髮盤成規模較大的兩把頭，以便能加上更多的珠寶首飾與通草絨花，這種改變後的髮型一直到晚清都還存在。

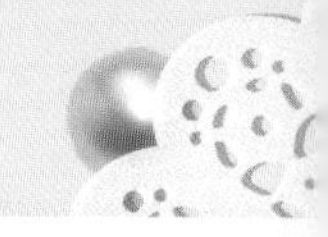

3. 化妝風格

在古代中國，都是用胭脂同時塗在臉上及嘴上，到了民國初年，才專門地將胭脂與口紅劃分。胭脂就是腮紅跟口紅，粉底就叫做膨粉較為白皙，炭條就是眉筆眉型以柳葉眉、細長單鳳眼眼型、櫻桃小嘴、粉紅色的腮紅，唇色以大紅色為主。

4. 配飾

大清朝的格格們都穿著「花盆」鞋，就是在繡鞋底部中央鑲嵌上三四寸高的厚木底，穿這種鞋，需要直腰走路，穿上花盆底鞋可使身體增高，使身體顯得更加修長。女子走路時用雙手臂前後較大幅度的擺動來保持身體平衡，所以常常手裡拿著一塊漂亮的手帕，走起路來顯的分外端莊、雅緻，如今在舞臺藝術中也能欣賞到。

7-3-2 清朝格格造型分析

化妝技巧說明

準備工具

基礎保養品、筆刷組、眼影、蜜粉、粉底、唇蜜、腮紅、眉筆、眼線筆、假睫毛

粉底化妝

1. 取出適量自然色粉底液，依序額頭、鼻子、臉頰、下巴均勻塗抹全臉。
2. 再以粉撲沾取適量自然色蜜粉撲勻全臉。

眼部化妝

眼影

1. 以淺咖啡橘色眼影，分別由眼窩眼尾處逐次輕輕漸層畫於整眼部。
2. 再以咖啡色眼影畫於睫毛根處眼妝。

眉毛

以深咖啡色眉筆，先依序由眉中、眉尾畫出自然柳葉眉再以眉刷刷均勻。

眼部化妝：

眼線

以黑色眼線液輕輕畫出自然流暢細長單鳳眼眼睛輪廓。

睫毛

沾取適量黑色睫毛膏，刷於睫毛處，夾翹睫毛裝上假睫毛。

腮紅

以腮紅(粉紅色)輕輕刷出健康紅潤膚色。

口紅

以紅色唇膏描畫出輪廓線，再點出小巧的嘴型塗滿顏色，再以以亮光唇蜜，塗抹於唇中增加立體光澤。

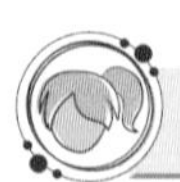

髮型技巧說明

髮型準備工具

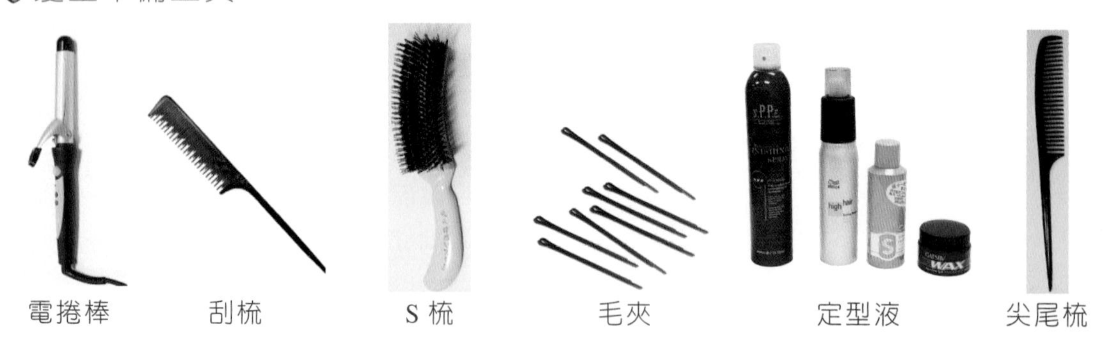

電捲棒　　刮梳　　S 梳　　毛夾　　定型液　　尖尾梳

1. 在頂部點、黃金點、後頭部等以電棒作出適中的捲度波浪。
2. 先將頭髮分前後兩區。
3. 先在後頭部做個髮髻，比較好固定帽飾。
4. 用刮梳將頂部區與後部區頭髮逆梳刮澎往上梳成髮髻狀。
5. 把頭頂刮澎處，以尖尾梳梳亮調整前面弧度。
6. 將瀏海吹亮後斜分。
7. 最後噴上定型液，作定型。
8. 在將帽飾戴上即完成。

帽飾品準備用具

手環 + 耳環 + 珍珠項鍊

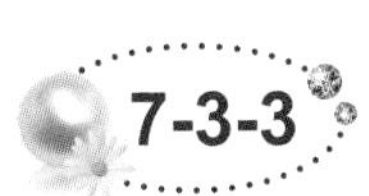

7-3-3 清朝格格造型分析圖

服裝風格

清朝格格裝一套 + 帽飾 + 手巾

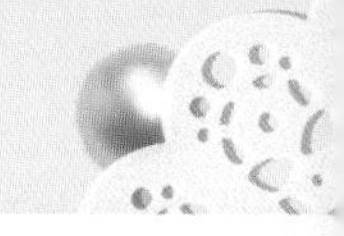

7-4 近代 30 年代造型分析

7-4-1 近代 30 年代造型風格分析

20、30年代的上海躍升為東方最繁華的商埠，尤其20年代初，社會風氣開化，有關女性的傳統觀念得到了更新。當時的女性在裝扮上可明顯看出歐美流行風潮深深影響同時期的中國女性。

在二十一世紀的今天，東方文化在國際舞臺上發光發熱，其中最令大衆注目的莫過於就是東方文化在電影工業的發展，像是電影「花樣年華」、「色戒」，都是以上海 20、30 年代造型作為主軸。也正因這兩部電影的名揚國際，使得西方國家對於東方造型更加讚賞。在國際時裝秀中，更有許多國際知名品牌紛紛以東方元素作為設計主軸；因此，本單元將 20、30 年代的造型融入較前衛、時髦的設計，再應用於現代的廣告造型當中，使大衆在視覺上具有新的感受與認知。

1. 服裝風格

上海在清朝末年時，女性的服裝式樣多半帶有封建主義的色彩，以寬大的襖裙、襖褲為主。後來，襖身及袖子逐漸的改窄改短，短襖的下襬多裁成半圓形。裙、褲多長及腳背，袖口、裙邊及褲邊的裝飾極為講究，常常鑲上各種刺繡、花邊或釘上亮片、小球、五彩之珠寶等引人注意。

1925 年後，旗袍開始流行，旗袍原來是滿清女性的袍服，上海的女性以其作為基礎，參照西歐女性服裝的式樣，再加以修改，大受歡迎，爾後，逐漸成為近代中國女性時裝之典型。

1931 年甚至還出現過「旗袍花邊運動」，就是在整件旗袍周圍都加以花邊的裝飾；這些挖空心思的變化，多半來自社會上的名媛、千金或明歌星等時髦的人物，一般職業婦女或者女學生，喜歡穿著經洗、耐穿、永不退色的陰丹士林布旗袍，表現樸素端莊的風姿。

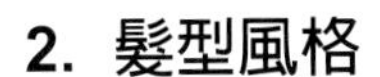

2. 髮型風格

以電熱燙規律燙地出波浪波紋，有強烈的高低感，當時的仕女、名媛們皆趨之若鶩。許多大都市的時髦女性，不但將頭髮燙成捲髮，更有人大膽地將頭髮染成紅、黃、褐等不同的顏色，並流行穿高跟鞋，以作為時髦的象徵，充分的展現了女性追求時尚與愛美的天性。

3. 化妝風格

國外的女性化妝幾乎都是以好萊塢影星的造型作為模仿對象，此時期是卓別林默片全盛之時代，片中的人物，化妝特色是膚色偏白，並注重明顯的五官描繪，當中包括了滿滿包覆著眼線、濃而長的假睫毛、暈開的眼影、明顯的鼻影與細薄，但上圓的唇，非常注重弧度之表現。當時國內女性的化妝仍著重於表現臉部柔和之神態、暈紅的雙頰與櫻桃小嘴，配合細長且尾部略為往上挑的眉型，表現出溫柔、婉約之美，和國外誇張式的化妝大不相同。雖然，國內的化妝不像國外那樣風行，但是，化妝的技法到此時已有進步，重點仍在表現五官的柔美感及立體感，除了運用色彩作深淺的修飾外，描劃的線條多半用以圓弧形展現女性婉約之美，而優雅細緻的睫毛與纖細的眉型，更是當時的特色。

4. 配飾

鞋子的式樣，從清末民初時，為曾經纏足的富家婦女所設計的西式小鞋開始，到後來的尖頭、圓頭、高跟、低跟、繫帶、無繫帶等變化，也是豐富多彩的。首飾中，以垂釣的耳環、小塊金錶、翠玉寶石、戒指及戴在手臂上、下的玉環等最為醒目、風行。

7-4-2 上海 30 年代造型技巧解析

化妝技巧說明

準備工具

基礎保養品、筆刷組、眼影、蜜粉、粉底、唇蜜、腮紅、眉筆、眼線筆、假睫毛

粉底化妝

1. 取出適量自然色粉底液，依序額頭、鼻子、臉頰、下巴均勻塗抹全臉。
2. 再以粉撲沾取適量自然色蜜粉撲勻全臉。

眼部化妝

上眼影

以咖啡色眼影適量，由眼窩、眼尾處逐次輕輕漸層畫上於整眼部。

下眼影

咖啡色眼彩筆畫於下眼簾，再以眼影棒沾取米白色眼影粉均勻畫出明亮立體的眼妝。

眉毛

以咖啡色眉筆，先依序由眉中、眉尾畫出纖細的眉型再以眉刷刷均勻。

眼線

以黑色眼液輕輕畫出自然流暢眼睛輪廓。

睫毛

沾取適量黑色睫毛膏，刷於睫毛處使睫毛根部濃厚、尾端無限延伸，夾翹睫毛裝上假睫毛創造迷人的眼神。

腮紅

以腮紅 (橘紅色) 輕輕刷出健康紅潤膚色。

口紅

以珠光銀白色唇蜜塗抹於唇中增加立體光澤。

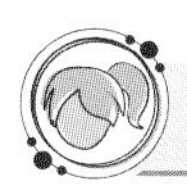

髮型技巧說明

髮型準備工具

吹風機

髮麗香

髮膠

指推梳

尖尾梳

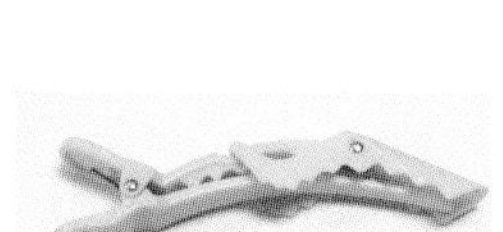

鴨嘴夾

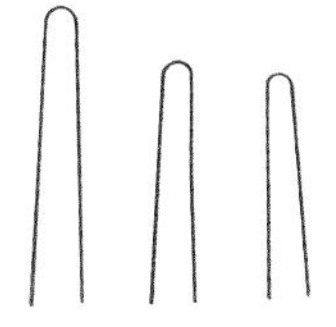

U 形夾

毛夾

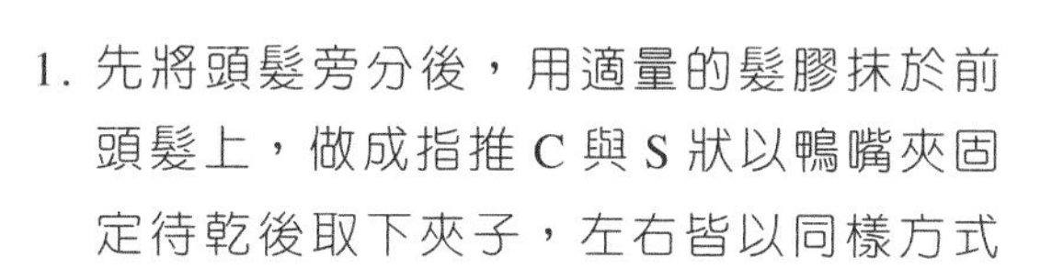

1. 先將頭髮旁分後，用適量的髮膠抹於前頭髮上，做成指推 C 與 S 狀以鴨嘴夾固定待乾後取下夾子，左右皆以同樣方式進行。
2. 髮尾捲成一螺捲以夾子固定。
3. 最後再將指推波紋假髮片，以毛夾固定於前額處加強髮 s 型整體感。

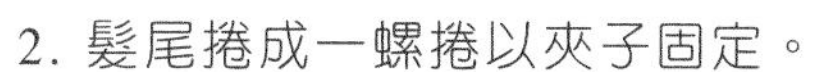

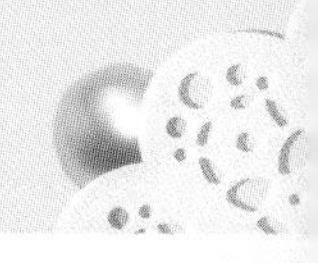

帽飾品準備用具

銅線、髮膠、水槍、假髮束、指推梳

以銅線架構一帽圈，再以金銅鎖片以 AB 膠黏製將紅黃鑽、水晶裝飾完成。

7-4-4 上海 30 年代造型分析圖 (C)

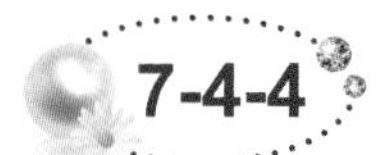

服裝風格

暗紅鑲亮片旗袍一件。

7-5 復古 50 年代造型分析

7-5-1 近代 30 年代造型風格分析

戰後的 50 年代，經濟逐漸復甦，人民生活型態改變，電影成為大家重視的娛樂，而當紅的電影明星奧黛麗赫本憑著他出衆的外表，優雅的氣質，深深吸引大衆，他在電影中穿著許多不同設計師的作品，其中以紀梵希的設計為主，為當時時尚界帶動及創造許多新潮流，所以說奧黛麗赫本與 50 年代的流行可說是密不可分。

1. 服裝風格

1950 年，服裝登上了藝術的殿堂，這一時期服裝崇尚簡潔、樸實、顏色相對單調，以綠、藍、黑、灰為主。穿著基本上是上半身合身、下身是澎澎裙，強調奢華、華麗、女性魅力、性感優雅。

1951~1952 直胴式的百褶裙，配長上衣，1953 年肩寬鬆呈圓泡型之短連袖，隆胸細腰，裙下襬瘦窄，全身線條有如鬱金香花，且流行高腰線之連裙裝。

1954 年春夏推出「H」線條，不誇張胸、腹、臀等三圍，整個輪廓呈直胴型，為奧黛麗赫本在「第凡内早餐」的款式，與迪奧的 H 線條相類似。

1955 年迪奧發表 A 線條。是窄肩、不誇張胸、腰線略高、裙襬向外擴張呈 A 字型，A 字型的款式採用無領或無袖的連裙裝為多。

2. 化妝特色

50年代的化妝以誇張為特點，單是眼部化妝就用了睫毛液、眼影及眉筆。有些女性甚至帶上了假睫毛，而唇膏變成以橙色系列為主。

此時期的臉部化妝整體而言，以呈現五官分明的智慧風範為主要訴求。眉毛前粗後細長，呈側躺的 7 字型並稍微高揚，略帶剛強、自信；唇型開始強調加大豐滿；眼部重視上眼線，描畫超過眼頭，眼尾則誇張上揚，在加上濃密的睫毛，勾勒出靈活的眼神。此種化妝特色明顯受到蘇菲亞羅蘭、瑪麗蓮夢露、奧黛麗赫本等的影響。流行色彩則以藍、綠、咖啡色為主。妝容強調精緻感，重點在於挑高的眉毛、細緻的眼線、乾淨粉嫩的眼妝以及豐潤的唇妝。

3. 髮型特色

1953 為奧黛麗赫本獨特俏麗的短髮有深刻的印象，她的經典短髮成為世紀絕響 , 就是風迷一時的赫本頭直至今日，赫本頭仍不褪流行，黛麗赫本是 50 年代最早反應流行的現代女性，當時正值經濟蓬勃發展、樂觀主義盛行，以及全球女性生活型態有著極大轉變的時代。

她特立獨行的勇氣反映在穿著風格上，充分顯示出其不同於當時好萊塢的流行，而奧黛麗赫本令人津津樂道的赫本頭，現代的新娘髮型則會模仿赫本包頭，在正式的宴會會出現的高雅髮型。

4. 配飾

平底鞋、立領套頭毛衣、剪裁簡單的合身長褲、誇張的黑色太陽眼鏡、緊束的腰身、三分袖，以及在腰上打結的合身襯衫，穿出優雅、流行獨樹一格地創造「赫本風格」與潮流。

化妝技巧說明

準備工具

基礎保養品、筆刷組、眼影、蜜粉、粉底、唇蜜、腮紅、眉筆、眼線筆、假睫毛

粉底化妝

1. 取出適量自然色粉底液，依序額頭、鼻子、臉頰、下巴均勻塗抹全臉。
2. 再以粉撲沾取適量自然色蜜粉撲勻全臉。

眼部化妝

眼影

1. 以金棕色眼彩筆適量，由眼窩眼尾處逐次輕輕畫上於眼尾三分之二處，再以咖啡色畫於睫毛根處。
2. 再以眼影棒均勻推展最後於眉骨處，以銀白色眼彩筆畫出明亮立體的眼妝。

眉毛

以黑色眉筆，先依序由眉中眉尾畫出五O年代最盛行的眉毛，前粗後細長以眉刷刷均勻。

眼線

以咖啡色眼線筆輕輕畫出自然流暢眼睛輪廓。

睫毛

沾取適量黑色睫毛膏，刷於睫毛處使睫毛根部濃厚、尾端無限延伸，夾翹睫毛，裝上假睫毛創造迷人的眼神。

腮紅

以腮紅（粉紅色）輕輕刷出健康紅潤膚色。

口紅

紅色唇膏描畫出輪廓線，再以亮光唇蜜塗抹於唇中增加立體光澤。

髮型技巧說明

髮型準備工具

1. 在頂部點、黃金點、後頭部等，以電棒作出適中的捲度波浪。
2. 先將頭髮分前後兩區。
3. 先在後頭部做個髮髻，比較好固定髮棉。黃金點將髮棉用毛夾固定增加髮量，用刮梳將頂部區與後部區頭髮逆梳、刮澎往上梳成髮髻狀。
4. 把頭頂刮澎處，以尖尾梳梳亮調整前面弧度。
5. 將瀏海吹亮後斜分。
6. 最後噴上定型液，作定型。
7. 在將珍珠皇冠戴上即完成。

配飾品準備用具

珍珠、銅線、鉗子。

將銅線穿上大小不一珍珠，珍珠洞並以□ AB 膠塗抹固定依照頭圍塑型。

7-5-3 復古 50 年代造型分析圖 (B)

服裝風格

黑色低胸合身晚禮服 + 黑色手套 + 耳環

國家圖書館出版品預行編目 (CIP) 資料

整體造型設計 / 洪美伶著 . -- 初版 . -- 新北市 :
全華圖書 , 2012.09
面 ;　公分

ISBN 978-957-21-8677-0(平裝)

1. 美容 2. 造型藝術

425　　　　101015967

整體造型設計

發 行 人　陳本源
作　　者　洪美伶
執行編輯　楊雯卉、蔡佳玲
封面設計　楊昭琅
出 版 者　全華圖書股份有限公司
地　　址　23671新北市土城區忠義路21號
電　　話　(02)2262-5666（總機）
傳　　真　(02)2262-8333
郵政帳號　0100836-1號
印 刷 者　宏懋打字印刷股份有限公司
圖書編號　08129
初版三刷　2020年 4 月
定　　價　400元
I S B N　978-957-21-8677-0（平裝）
全華圖書　www.chwa.com.tw
若您對書籍內容、排版印刷有任何問題，歡迎來信指導book@chwa.com.tw

臺北總公司(北區營業處)
地址：23671新北市土城區忠義路21號
電話：(02)2262-5666
傳真：(02)6637-3695、6637-3696

南區營業處
地址：80769高雄市三民區應安街12號
電話：(07)381-1377
傳真：(07)862-5562

中區營業處
地址：40256臺中市南區樹義一巷26號
電話：(04)2261-8485
傳真：(04)6300-9806

（請由此線剪下）

讀者回函卡

填寫日期：　/　/

姓名：________ 生日：西元____年____月____日 性別：□男 □女

電話：（ ）________ 傳真：（ ）________ 手機：________

e-mail：（必填）________

註：數字零，請用 Φ 表示，數字 1 與英文 L 請另註明並書寫端正，謝謝。

通訊處：□□□□□________

學歷：□博士 □碩士 □大學 □專科 □高中・職

職業：□工程師 □教師 □學生 □軍・公 □其他

學校／公司：________ 科系／部門：________

・需求書類：

□ A. 電子 □ B. 電機 □ C. 計算機工程 □ D. 資訊 □ E. 機械 □ F. 汽車 □ I. 工管 □ J. 土木

□ K. 化工 □ L. 設計 □ M. 商管 □ N. 日文 □ O. 美容 □ P. 休閒 □ Q. 餐飲 □ B. 其他

・本次購買圖書為：________ 書號：________

・您對本書的評價：

封面設計：□非常滿意 □滿意 □尚可 □需改善，請說明________

內容表達：□非常滿意 □滿意 □尚可 □需改善，請說明________

版面編排：□非常滿意 □滿意 □尚可 □需改善，請說明________

印刷品質：□非常滿意 □滿意 □尚可 □需改善，請說明________

書籍定價：□非常滿意 □滿意 □尚可 □需改善，請說明________

整體評價：請說明________

・您在何處購買本書？

□書局 □網路書店 □書展 □團購 □其他________

・您購買本書的原因？（可複選）

□個人需要 □幫公司採購 □親友推薦 □老師指定之課本 □其他________

・您希望全華以何種方式提供出版訊息及特惠活動？

□電子報 □ DM □廣告（媒體名稱________）

・您是否上過全華網路書店？（www.opentech.com.tw）

□是 □否 您的建議________

・您希望全華出版那方面書籍？________

・您希望全華加強那些服務？________

～感謝您提供寶貴意見，全華將秉持服務的熱忱，出版更多好書，以饗讀者。

全華網路書店 http://www.opentech.com.tw　　客服信箱 service@chwa.com.tw

2011.03 修訂

親愛的讀者：

感謝您對全華圖書的支持與愛護，雖然我們很慎重的處理每一本書，但恐仍有疏漏之處，若您發現本書有任何錯誤，請填寫於勘誤表內寄回，我們將於再版時修正，您的批評與指教是我們進步的原動力，謝謝！

全華圖書　敬上

勘誤表

書號		書名		作者	
頁數	行數	錯誤或不當之詞句		建議修改之詞句	

我有話要說：（其它之批評與建議，如封面、編排、內容、印刷品質等・・・）